纺织服装高等教育 部支级规划教材

顶级品牌服装设计解读

INTERPRETATION OF TOP BRAND FASHION DESIGN

王晓威 编著

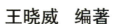

东华大学出版社·上海

图书在版编目(CIP)数据

顶级品牌服装设计解读/王晓威编著.-上海：东华大学出版社，2015.6
ISBN 978-7-5669-0775-2

Ⅰ.①顶... Ⅱ.①王... Ⅲ.①服装-世界-图集 Ⅳ.①TS941.2

中国版本图书馆CIP数据核字（2015）第081439号

致　谢

感谢家人的支持！感谢本书援引或借鉴的国内外文献的作者们！

责任编辑：谭　英
封面设计：陈良燕
封面作品：楼慧珍
版式设计：J.H.

顶级品牌服装设计解读

王晓威 编著
东华大学出版社出版
上海市延安西路1882号
邮政编码：200051 电话：（021）62193056
新华书店上海发行所发行
上海利丰雅高印刷有限公司印刷
开本：889×1194 1/16　印张：7 字数：246千字
2015年6月第1版　2015年6月第1次印刷
ISBN 978-7-5669-0775-2/TS·602
定价：39.00元

前　言

　　夏奈尔曾说过：“有些人认为奢侈品与贫困相反，事实并非如此，它是与粗俗相反。”世界顶级服装品牌是国际时尚流行的风向标。在其发展史上，几乎都有经典的设计和富有创造性的理念出现，其始终有一种无形的魅力在闪闪发光，令人追慕。中国消费者社会构造和消费观念的变化，使服装设计需求产生变化，从而导致设计形式、语言发生变化，所以需要借鉴经典服装名牌，拓展设计思维和手法。此外，中国是世界上最大的服装生产国与服装出口国，也是服装消费大国，但缺少国际服装名牌。因此创立自己的世界服装名牌并与国际接轨已成为中国服装业的发展方向，而这也需要对顶级品牌的发展史和设计内涵进行探究。

　　本书以顶级品牌的服装设计风格为切入点，阐述品牌的由来、每个发展阶段的背景和成因，以品牌的发展线串起每个阶段具有代表性的设计作品，对其理念、手法进行分析。顶级品牌各有创立背景、发展路线和风格特征，在本书所精选的15个顶级经典品牌中，有优雅依旧而不乏时代精神的夏奈尔，有让人期待轰动性创意的迪奥，以及充满西西里浪漫风情的杜嘉班纳，这些盛开的奇葩是时装界的荣耀。本书试图以活泼的图文形式，挖掘顶级服装品牌的设计内涵，并赋予其实用参考价值。

作　者
2015年02月

目 录 content

■ 夏奈尔 Chanel /5

■ 迪奥 Dior /14

■ 范思哲 Versace /23

■ 纪梵希 Givenchy /31

■ 高田贤三 Kenzo /39

■ 拉克鲁瓦 Christian Lacroix /47

■ 阿玛尼 Armani /55

■ 普拉达 Prada /61

■ 伊夫·圣·洛朗 Yves Saint Laulent /67

■ 瓦伦蒂诺 Valentino /74

■ 柏帛丽 Burberry /81

■ 古奇 Gucci /87

■ 卡文·克莱恩 Calvin Klein /94

■ 唐娜·卡伦 Donna Karan /101

■ 杜嘉班纳 Dolce&Gabbana /107

夏奈尔（Chanel）

1. 服装设计现代主义先驱和经典品牌的形成

夏奈尔品牌创立之初的设计风格可以说和现代主义设计有着不解之缘。设计的现代主义兴起于20世纪20年代初，是20世纪设计的主体，其思想核心是"功能""理性"，努力创造一种普及的新设计。现代主义主导了西方各国的设计，其设计思想也反映在服装设计领域中，并且对20世纪服装的发展具有深刻的影响。由于西方女性的政治自由、经济独立，女性角色和社会地位的改变，以及女性生活融入工业社会的节奏，强调功能性成为女装款式发展的重点。这样，女装设计上出现了否定女性特征的样式，去除了原先的花边和其它累赘的细节。女装设计第一次从妇女自身而不是从男性的角度来进行。

对现代主义的探索，法国著名女设计师可可·夏奈尔首先身体力行。夏奈尔生于1883年，出身贫寒，她的成功归功于坚强的性格、天生的丽质、自身的魅力和掌握自己命运的强烈愿望。1913年夏奈尔创立自己的品牌，从帽子起家，不久推出女装。当时上流社会妇女的爱德华风格时装，利用各种褶皱、装饰突显女性的胸部和臀部。服装及服饰品繁琐不堪，不便于妇女的社会活动，是夏奈尔决心改变的形式。她不断发布适应新时代女性的服装款式，去除束缚身体的缀饰，造型简洁自然，将女性的典雅蕴藏于简朴之中，在服装作品中运用了男装化造型，突破传统女装风格（图1-1、图1-2）。夏奈尔被公认为现代时装最重要的奠基人物之一，她的重大贡献不仅仅在于她设计了一些具有国际影响的时装，而是改变了时装设计的规则，把时装设计以男性为中心的立场改变为以女性的舒适和美观为中心的立场，从而使时装设计能够更好地为使用者服务，使女性表现出自信和自强，而不再成为男性的附庸，这是革命化的设计。

图1-1 1916年夏奈尔把宽松、舒适而廉价的渔民服引入时装设计，用针织面料设计富有弹性、穿着舒适的夹克、外套和裙子，这些服装穿着自由，款式简洁，裙长首次露出脚踝，便于行走，吸引了大量富有阶层女顾客。这种简洁利落取代奢华的一个原因是作品创作于战争期间，妇女参与社会所需。从夹克衫中还能看到军装的影子。

套装是夏奈尔最成功的设计，一直被视为女装的经典，拥有夏奈尔套装是无数女性的梦想。

套装问世于一战期间，有两件套、三件套，其样式源于男装，上衣为钉有袖扣、装有口袋的箱式羊毛夹克衫，下身为打有褶裥、长度及膝的裙子。面料多采用平针织物、天鹅绒、查米尤斯绸或粗花呢等，通常有滚边、金属链和铜扣做装饰。套装色调柔和，主要有灰色、米色、黑色，有时也用一些纯净甚至极端的色彩（图1-3）。1928年夏奈尔创造的斜纹软呢套装，成为其经典套装形式，经典款式是对比滚边和四只口袋。夏奈尔的晚礼服同样精彩。她曾说："时尚同时是毛毛虫和蝴蝶，白天是毛毛虫，而黑夜则是蝴蝶……所以要有爬行的服装和飞翔的服装。"20世纪20年代，她设计的晚礼服以简洁而优雅著称（图1-4）。

夏奈尔曾说："时髦不仅仅停留在衣服上，时髦是在空气中的。它是思想方式，我们的生活方式，是我们周围发生的事物。"她不仅仅想把自己的服装卖给客人，还希望通过她的设计来唤醒女性对于生活品味的感觉，提高她们的格调，

图1-2 20世纪20年代Chanel的小黑裙作品，其简洁、功能的设计理念将妇女从束缚中解放出来，堪称服装史上里程碑式作品。作品没有繁杂的束缚人的累赘装饰，线形流畅自然，样式较贴身，有男性化的风格元素。多层白色珍珠项链提亮色调，并使作品仍不失女性化的优雅。这款服装日后成为夏奈尔品牌标志物之一。富有个性的黑色是夏奈尔一生的钟爱。

图1-3（左） 套装是夏奈尔最成功的设计，该作品设计于1933年，造型自然舒适。提高的裙摆，使妇女能无障碍地参与社会活动。上装内长外超短的设计，使套装形成有变化的比例，也具有层次感。黑白配色，中性、利落优雅，是夏奈尔的招牌色，鲜艳的红色横条纹带来活力感。

图1-4（右） 1928年前后，夏奈尔的代表性礼服。上身部分暴露较多，解放身体，轻松而没有束缚，仅以两根细长的肩带起固定作用。下裙部分为多层褶皱纱设计，富有波浪曲线，以面料本身特性和层叠工艺自然形成外散造型。纯白色显得高雅。作品自然而优雅，富有魅力。

改变她们周围的物质世界。这种设计倾向和目的被称为设计"生活方式"。夏奈尔是第一个明确提出这种理念的设计大师。

2. 服装品牌一度危机和经典的延续

20世纪30年代，夏奈尔的事业达到顶峰，但在30年代后期，却遭受到不少挫折，她的生意由于经济衰退而大受影响。她甚至关掉了时装店，生涯陷入低潮。1947年法国时装新秀迪奥成功推出"新外观"时装，款式、面料上体现了19世纪上层妇女时装的影子，风靡欧洲和整个世界。这种服装设计方式，是20世纪20年代夏奈尔努力消灭的，时装和时髦重新被男人所控制，不再是她追求的为女性自己的尊严和舒适而设计。战后设计师所走的时装路线让她痛心。夏奈尔的生意不但在时装上受到影响，她的香水也开始出现问题。

已经70岁的夏奈尔依然决心走出逆境。1954年，在人们的一片质疑声中她举行了盛大的新系列时装发布会。法国和英国的报纸都称这个系列为"忧郁的回顾"或"残败"。这些媒介以为人们对于20世纪20年代的过往气息不会再有任何怀念情感，但美国新闻界却站在她这一边，认为这种怀旧式的服装是有前途的。两年以后，市场证明夏奈尔是正确的，她的服装赢得了美国妇女的

青睐。她的新时装，以白色滚边衬以黑色外套的斜纹软呢套装，采用了新剪裁、镀金扣子，并且采用带狮子头像的装饰，简洁大方，成为当时所有妇女追求的款式。她们或者希望能够得到原作，或者希望能够得到仿冒品。像后扣带、有大鞋舌的鞋子，镶人造宝石的胸针，肩挎式的提包，都在全世界引起仿冒的浪潮。直到20世纪末，它们还继续拥有相当大的市场（图1-5、图1-6）。

1971年夏奈尔去世。在她50年的时装生涯中最著名的创作有喇叭裤、对襟滚边上衣、系蝴蝶结的衬衫、水兵服、防水外套等。夏奈尔时装强调廓线流畅、面料舒适、款式实用、优雅娴美，被奉为时尚女子的基本穿衣哲学。夏奈尔曾说："时装只能一时，但风格永存。"她还说过："风格就是我！"她的服装风格就是她个性的诠释。她主导的形象，象征被解放的女人，强调自由。她是难得一见的有设计思想的设计师。

3. 品牌二度危机和经典的延续与创新（卡尔·拉格菲尔德时期）

现代主义时期，世界时装的权威集中于巴黎

图1-5（左）20世纪50年代，夏奈尔的粗花呢套装再次引导时尚潮流。简洁明快、直线条的设计尤其受到美国女性的欢迎。该作品采用白色两件套装，无领，黑色镶边装饰，上衣沿袭其短上衣风格，裙摆仍保持中长长度。作品贯彻了夏奈尔的审美观，也使这个经典品牌始终散发着现代气息。

图1-6（右）夏奈尔1956年的春夏套装作品，堪称夏奈尔风格的经典：黑白招牌式配色，内层上装、外衣的缎子衬里以及翻出的白色袖口形成色彩呼应和节奏；款式简洁轻松；短上衣和长裙形成了优雅比例和外观。

的少数高级时装精英手里，每季的新设计由这些大师创造，先在上流社会流行，然后中下阶层模仿，跟随其流行样式，最后处于时装文化中心的欧洲发达国家，将其流行产品向欧洲之外的发展中国家传播。人们需要的是功能实用和标准、理性、规范的着装。

从20世纪60年代"动荡时代"开始，西方社会渐渐步入后现代，主流文化受到年轻反文化群体的剧烈冲击。作为服装购买主体的年轻人，反权威、反传统，经济独立，拥有丰富多样的物质和丰富的生活方式，现代主义时期的功能、理性、标准性的服装格局显得不合时宜，大众文化、街头文化和通俗文化走进时装，服装需求走向了多样化。高品位的典雅时装已不再受推崇，年轻人追求的是标新立异、与众不同的新设计。

自20世纪70年代以来，一些传统的高级时装老品牌都面临生存危机，固守传统旧风格将被时代所淘汰，要让老品牌重获新生，只有引入新的元素，而新元素正是来自非主流文化。到20世纪70年代可可·夏奈尔去世时，她的成熟、端庄、优雅的品牌风格形象已经显得保守，夏奈尔时装的魅力在褪色。自1971年夏奈尔去世至20世纪80年代初，夏奈尔品牌的主设计师几经更迭，但在夏奈尔权威的"套装模式"下，其继任者亦步亦趋，基本都作守拙之举，让品牌几近原地踏步。

1983年德国籍设计师卡尔·拉格菲尔德（Karl Lagefeld）出任设计总监。十年前他曾谢绝过夏奈尔公司的聘请，因为对一个深入人心的权威名牌，去保持它又要有新意是最困难的。后来事实证明，拉格菲尔德为夏奈尔所做的设计是成功的。

接手之初，拉格菲尔德深入研究夏奈尔时代的服装历史，剖析当时的女性形象，着力解析夏奈尔1939年以前的全部作品。他通过研究夏奈尔故居特有的装饰特点——法国的室内装饰风格，以寻找夏奈尔的设计精髓。洛可可纹饰和日本屏风画浓郁的东方风韵成为他的创作灵感，之后他推出的饰以刺绣的夏奈尔女装显得更加精美绝伦、端庄和典雅。

拉格菲尔德对风格的理解不是机械的，他抓住的是夏奈尔精神。他坚持高端设计线路，在把握夏奈尔品牌的原则、精神基础上，进行大胆地改革，使夏奈尔的经典和当代精神完美地结合起来。拉格菲尔德凭其对时代精神的诠释及对潮流触觉的敏感，将风行60年的夏奈尔风格注入新的元素，他大胆引入街头元素，表现街头的狂野。夏奈尔品牌的拉格菲尔德版本，色调较为艳丽，剪裁更加高雅素媚，具有融典雅与幻想为一体的特征（图1-7~图1-9）。拉格菲尔德抓住20世纪80年代复古浪漫风悄悄盛起的契机，使夏奈尔变得更年轻和现代。他在合体的裙子配上皮带，还设计出航海家风格的运动装，加上镀金链子，粗犷中又见浪漫和温馨。可可·夏奈尔认为女性要端庄，裙长不能短到膝上，衣服不能太紧，而卡尔打破原来的比例标准，在服装中

图1-7 1991年拉格菲尔德设计的夏奈尔套装作品。作品在沿袭夏奈尔经典风格的同时做了一些创新。采用粗花呢，面料丰厚柔软。色彩采用黑白配色，黑白面料的镶拼间杂形式活跃。夸张的头饰上有标志性的白色山茶花。裙长短到膝盖以上，配搭黑色丝袜，充满时代感。整体给人动感而优雅的感觉。

图1-8（左） 1992年拉格菲尔德设计的夏奈尔套装作品。灵感源自田园牧歌的意境，色彩上用了浪漫温情的浅紫色，去除了套装的沉重感。款式为连衣裙加外套，外套无领、衣摆和连衣裙领圈等处都采用了女性化的弧线柔和造型。麦穗装饰的帽子和模特手捧的花束都烘托田园主题。

图1-9（中） 1995年拉格菲尔德设计的作品"性感的Coco"，比较彻底地"颠覆"了传统夏奈尔品牌形象，只保留一些符号性的元素：双C,镀金链子，已经被写意化图案打

散的黑白色，混合了一些鲜亮的色彩。比基尼造型将夏奈尔本人裙摆不露膝的规矩彻底打破，紧身的衬衣式上装、敞开的领子和袒露的胸部则又是对端庄传统的颠覆。

图1-10（右） 1996年拉格菲尔德设计的夏奈尔作品。夏奈尔的黑色短上衣和简练的风格进一步得到发展和升华。作品为两件式套装，色彩以黑色为主，以白色作饰边。黑色软呢面料色泽高雅，精良的剪裁、合体的造型和对称的装饰显得经典高贵。金属质地的闪光饰品组成的镶边极具现代感。

融合性感元素，塑造90年代性感的夏奈尔形象（图1-10）。

卡尔·拉格菲尔德有着自由、任意和轻松的设计心态，他总是不可思议地把两种对立的艺术品感觉统一在设计中，既奔放又端庄，既有法国人的浪漫、诙谐，又有德国式的严谨、精致。他既不因用料昂贵而颤栗，也不因用料低廉而敷衍，一切以艺术性为标准。只要是他认为有意思的设计，他就会百分之百地投入。他没有不变的造型线和偏爱的色彩，但从他的设计中始终都能领会到"夏奈尔"的纯正风范。夏奈尔一生不断地超越传统、创造潮流，拉格菲尔德则坚定而大胆地将夏奈尔的风格推向崭新的疆界，与时俱进。拉格菲尔德的设计，使经典的夏奈尔风格免遭时代的淘汰而成为历史风格，继续回到时

尚前沿。

4. 21世纪的夏奈尔

拉格菲尔德在备受各界瞩目的每一季的时装秀上巧妙地带入夏奈尔风格，以现代感的方式运用这些经典元素。他让夏奈尔的斜纹软呢充满了摇滚风格，用糖果色打造斜纹软呢；将丹宁布、薄纱、丝质布料等与软呢交织；除去固有内衬，采用超小尺寸的紧身裁剪；将斜纹软呢设计成晚礼服，甚至与牛仔裤和运动背心混搭。拉格菲尔德总是以大胆的异材质混搭拼贴，重新诠释夏奈尔的经典（图1-11~图1-24）。

拉格菲尔德的设计天赋成了他所参与的品牌成功的保证，他被誉为夏奈尔的救星。尽管每次为夏奈尔所作的新奇之举都难免受到媒体的品头论足

甚至指责，但是，其设计总能引起轰动和流行风潮。拉格菲尔德的叛逆与天才和当年的夏奈尔如出一辙，他将夏奈尔这个时尚王国领向了另一个巅峰。如今，夏奈尔的服装、饰物、珠宝、皮件、香水均是精品代名词，而且它的"双C"标识是时尚界传统与创新的完美结合的象征。

在今天，如果说有哪个品牌能得到一家三代（祖母、母亲、女儿）的同时钟爱，那首先就应该是夏奈尔。夏奈尔对整个时装界来说是经典，是"永远的时尚和个性"，更是一个"浪漫传奇"。

图1-11（左）2002年秋冬拉格菲尔德设计的夏奈尔作品。作品造型简洁、合体，长长的外衣有清教徒般的庄重，但作品又不失奢华，上衣灰黑色中有活跃的点纹，而裤装上装饰着华丽的巴洛克式纹样，使作品内敛中有难掩的奢华。

图1-12（中）2003年春夏拉格菲尔德设计的夏奈尔作品。冬日的阳光从丽多茵陈列馆的玻璃窗缓缓流入，发布会现场十分轻柔和梦幻，一如该作品的感觉。色彩柔和的薄纱塑造出或薄透垂坠或重叠蓬松的外观，低腰的婀娜、褶皱的柔情尽显女性化特质。多圈珍珠项链和同色的蝴蝶般的缎结，为作品增色。

图1-13（右）2004年秋冬拉格菲尔德设计的夏奈尔作品。T台被布置成长长的柏油公路，模特头戴贝雷帽，脚穿皮靴，十足的Bicker族形象。该作品撷取了Coco Chanel特色将男装融入女装的中性风格，融合了20世纪20年代和30年代时期短夹克、精致羊毛衫以及优雅的斜纹软呢套装。通过条纹、几何格纹的纹样变化，使作品活泼、时髦而别致。

图1-14 （左上） 2006年秋冬拉格菲尔德设计的夏奈尔高级成衣作品。作品回归到甜美的洛可可时期，小泡泡袖、褶皱、堆砌的花边、闪光饰品的装点以及纯洁的白色调，让成熟女性仿佛回到少女时代。上身部分较为紧身，长纱裙宽松垂顺，不刻意表现腰身的性感曲线，带有新古典主义的意味。

图1-15 （中上）2006年秋冬拉格菲尔德设计的夏奈尔高级成衣。以20世纪60年代风格为主轴，在Coco的经典中融入现代感和少女风貌。黑色粗花呢套装被装饰以色彩斑斓的人造宝石组成的镶边、六分袖、短裙配搭长筒靴、长衣摆、拉毛的边幅，都露出难掩的年轻活力。上衣内层为黑色丝绸做成的衬衫，褶皱花边、蝴蝶结带、金色项链，都是娃娃少女风的年轻风貌。局部的透明纱丰富了质感变化。

图1-16 （右上） 2006年秋冬拉格菲尔德设计的夏奈尔高级时装作品。它颠覆传统规则，将具有叛逆风格的牛仔装引入礼服。除了牛仔裤，长及臂根的长筒露指手套混合了优雅和摇滚。服装主体为创意式的抹胸超短礼服连衣裙，裙体以纯棉面料做成富有立体感的多层次皱褶。前身部分的饰物最为抢眼：条带状饰带上缀满晶莹闪烁的人造珠宝，纹样精美，浅灰绿和白色中点缀着金色，极具梦幻感。饰带的色彩和礼服裙为协调色，效果和谐。裙身背后大大的装饰结丰富了设计。作品整体给人经典时尚的震撼。

图1-17 （左下） 2006年秋冬拉格菲尔德设计的夏奈尔高级时装作品。深蓝色的连衣裙式礼服，色彩纯正，色泽高雅含蓄，配以模特白皙的皮肤、金黄色头发、深邃的眼影，还有精美的橙红色调的服饰品，较好地烘托了贵族风格。款式方面，礼服裙腰节处的大褶皱设计，具有装饰感，避免了过于简约。此外，作品的一大特点就是打破常规，以非主流的牛仔面料作为成礼服式长袖套等部件做配搭，混合了优雅和街头元素。

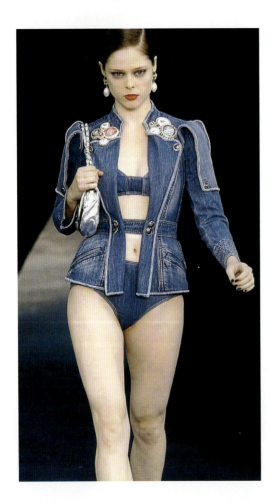

图1-18（左上）　2007春夏拉格菲尔德设计的夏奈尔作品。该连裙装以黑色为主配搭白色，色调优雅，造型简练、合体，裙长较短，六分袖，给人年轻、随意且雅致的感觉。田园风情的领子边沿、裙摆及手腕部，都有纯白色碎羽状的装饰，与黑色相互映衬，显得细碎、迷人。黑白花的眼罩增添了神秘、迷人的感觉。

图1-19（中上）　2007年秋冬拉格菲尔德设计的夏奈尔作品，在夏奈尔经典中引入学生装般的年轻和嘻哈风潮。依然的黑白配色、黑白格斜纹软呢套装，衬衫和外衣的配搭显得较嘻哈。电烫长发富有动感，模特漠然的表情也颇有酷感。而来自修女胸兜样式的胸甲状的挂链，具有十足的创新胆魄。

图1-20（右上）　2007年秋冬拉格菲尔德设计的夏奈尔作品。拉格菲尔德在优美的圣克卢公园里高调展现了作为巴黎高级女装执牛耳者的夏奈尔的梦幻作品。该作品款式优雅，浅粉紫色彩浪漫温情，大花结、抽褶、彩色亮片等细节极具装饰感。皮革和丝绸的搭配具有创新精神。

图1-21（左下）　2008年春夏拉格菲尔德设计的夏奈尔作品。美国牛仔及军装风格唱起了主角，显出大众化设计倾向。内衣和外套都采用牛仔面料，外衣为硬朗的、中性的军装样式，宽肩，变体简章、圆形徽章，与牛仔融为一体。内层服装为内衣外穿样式，将硬朗和性感相结合。而女性化的珍珠耳坠及精巧肩包，加入了一丝优雅本色。年轻与性感，使得夏奈尔常青。

图1-22 （左上） 2008年秋冬拉格菲尔德设计的夏奈尔作品。简洁的造型和优雅的黑色调，仿佛小黑裙归来。隐纹薄纱、闪光漆皮和金属材质等，具有质感对比美。金属和漆皮带来高科技未来感，同时，古埃及风格的立体纹样具有神秘感。这一季发布会在舞台上展示了很多香奈儿经典饰品，而在模特身上不搭配饰品。拉格菲尔德认为，他所呈现的是一种时尚态度。

图1-23 （左下） 2015年秋冬夏奈尔品牌高级时装作品。拉格菲尔德从20世纪最重要的建筑大师Le Corbusier（勒·柯布西耶）的设计作品中吸取灵感，用自己独特的手法再一次创新突破表达了Le Corbusier式的超现实主义极简风格。他将氯丁橡胶用作面料，与亮片、珍珠、水晶、刺绣融合在一起，呈现的效果让人大开眼界。

图1-24 （右上） 2015年春夏夏奈尔品牌高级时装作品。拉格菲尔德本次将秀场选在了迪拜的一座小岛上，给大家带来了巨大的惊喜。"2015早春度假系列"延续了以往的经典与优雅，并应景地将充满中东风情的阿拉伯长袍、新月图案头饰以及繁复的珠宝配饰等完美地融入其中，充盈着异域风情。

迪奥（Dior）

1. 回归典雅的领袖和高级女装典范

西方自文艺复兴以来，服装开始强调与人体体型密切相关的造型，服装设计上采用一切可能的手法，诸如紧身、耸胸、束腰、凸臀，以求最充分地呈现人体美，追求感官刺激。这种理念一直延续、发展到19世纪的洛可可和维多利亚时期，虽然矫饰的女装对人体活动有诸多限制，但

女性的服饰美和典雅气质却达到顶峰。20世纪初期，一些时装先驱对紧身胸衣进行改革，创造新时装形式。到20世纪20年代，简洁化、男装化的服装潮流逐步发展到极端化地步，服装设计不强调女性特征，典雅风格从而荡然无存。直到二战后，才出现一批刻意恢复女性在穿着上雅致、妩媚的设计大师，克里斯蒂安·迪奥便是其中的领袖人物。

战争的记忆太残酷，希望忘却战争痛苦的欲望极为强烈，妇女们特别企盼表现自己温存娇柔的本性，梦想有柔软的线条，有奢华的面料。迪奥正是抓住了战后市场的脉搏和时代的精神，使自己大器晚成，获得成功。1905年迪奥生于法国一个中产阶级家庭，青年时遭遇家道中落的命运。1937年他为R·Piauet设计女装，后被战争阻断。1941年，他担任L·Lelong设计师，学到不少东西。1946年迪奥创立自己的品牌，1947年举行自己的作品——"New Look（新外观）"发布会，他用胸罩增加服装的曲线，强调丰满的胸和纤细的腰，抛弃曳地长裙，A字裙的裙长距地面20厘米。奢华而贵重的装饰和品种多样的漂亮面料，塑造出优雅妖娆的女性造型，一扫战争阴霾，给灰色的欧洲带来迷人景象。发布会大获成功，迪奥也一夜成名。作品震撼巴黎，席卷欧美（图2-1）。

图2-1 1947年迪奥的"新外观"作品。在套装中融入19世纪女装的风格，上衣贴体、束腰、衣摆、裙身略呈外散，造型优雅近似花冠。上衣采用月牙色薄型毛料，下装为黑色羊毛褶纹裙。造型别致的铃鼓帽和高跟鞋都采用上衣的协调色，整体设计大方而优雅。这款时装被美国人认为是新款时装中的佼佼者。

对于"新外观"，当时一些人还是持反对态度，因其用料奢侈，价格昂贵，也因其观念的"倒退"，将妇女们带回旧日的"美好时光"，是对时装现代主义革命的"反动"。其对女性身体美感的体现和对行动的束缚，同主张女性的解放和自由、强调简洁舒适的服装观念截然不同（夏奈尔对此就曾颇有微词）。但虽然如此，

迪奥的服装代表了希望和未来，仍赢得全世界妇女的心。

继"新外观"之后，迪奥每年都推出新的系列，每次作品发布会都领导着世界服装的潮流。

迪奥一直是高级女装时代的领头羊，他改变了当时的时装体制，率先每半年推出一次新系列。他的服装在巴黎展出后，就会由美国的服装厂商大批量地生产出来，并通过各层批发商、零售商很快进入市场，也就是迪奥定下了基调，世界的女性们追随。他的设计第一次跨越了国境，跨越了社会的阶层，成为国际品位。

迪奥品牌的革命性还体现在致力于时尚的可理解性，每次推出的时装系列会根据轮廓而赋予其简单明了的主题词，如A型、Y型、H型、郁金香型等。他创造的这些轮廓线条至今仍影响着设计师的设计观念。迪奥每一个新系列都有新的意味，多数是"新外观"优美曲线的发展。迪奥偏爱高档面料如绸缎、传统大衣呢、精纺羊毛、塔夫绸和华丽的刺绣品等，营造出法国高级女装独有的奢华高贵感（图2-2、图2-3）。

2. 掌门人的更替（圣·洛朗、马克·伯汉和费雷）

1957年，迪奥不幸病逝。同年，他的助手即21岁的圣·洛朗被任命为迪奥公司首席设计师。1958年，圣·洛朗发布了第一个迪奥系列即"梯形线"，既保持了迪奥一贯的高雅女性形象，又表现出自己清新简洁的设计思想，获得成功（图2-4）。1959年他将迪奥推向莫斯科，其过于时

图2-2 1954年迪奥"H"线型套装作品。作品以羊毛面料搭配裘皮，格调高雅。作品中仍有"新外观"的影子，比如恰当的弧线造型，但仍有很大变化，表现在造型更为年轻，线条趋于利落，束腰程度已大为缓解。当时时装界称"H"线型是比"新外观"更重要的发展，使妇女从无用的细节中解放出来。

图2-3 1956年迪奥"箭形"主题作品。领口延伸至露出肩、臂部，直线和弧线交融，线条流畅优美，刚柔并济。肩袖开口处以蝴蝶结装饰，和帽子的蝴蝶结形成巧妙呼应。稍放宽的收腰以及军装化的腰带都显出功能性的倾向。雅致的帽饰带着透明面纱，显得神秘又迷人。

髻的设计却使公司陷入困境。1960年，圣·洛朗应征入伍服役。

圣·洛朗离开后不久，他的位置便被迪奥驻伦敦设计师马克·伯汉取代。1961年，伯汉成功推出轻便喇叭形裙子"苗条服装"。1966年成功推出长外套和短裙搭配的军服式服装。接着又首创"迪奥小姐"系列，该系列被公司大规模推广，大获成功。马克·伯汉改变了迪奥去世后不景气的状况，并一再推出更优雅、实用的高级女装（图2-5），评论界认为他的设计"似乎更理解女人"。在近30年的时间里，他使迪奥女装一直独步于高级时装之巅，1983年、1988年两次为其赢得"金顶针"奖。

20世纪80年代后期，公司经营方认为公司的设计缺少变化和戏剧性，魅力正在减退，于是在1989年解雇了伯汉，任命费雷为其接班人。这位学建筑出身的意大利设计师继承了迪奥的设计风格，使大蝴蝶结、高腰裙和披肩又流行起来。他为迪奥传统的较夸张、浪漫的风格注入了新的严谨与典雅，在继任当年获得"金顶针"奖。费雷的设计简洁、优雅，剪裁精确，学建筑的背景使他的设计有着建筑结构美（图2-6）。

3. 品牌的困境和重生(加里亚诺时期)

法国《洛蒙德》报于1974年1月29日至31日连续刊载题为"高级时装改头换面"的调查报告，开场白是"高级时装死了！永别了，高级时

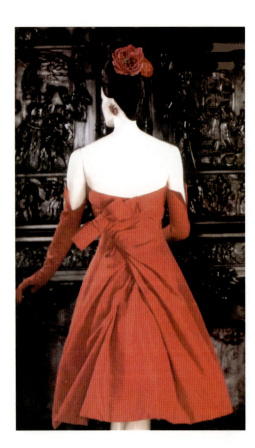

图2-4（左）1958年圣洛朗设计的迪奥作品。它秉承了迪奥的典雅风格，造型简洁，合体的上身部分、束腰、外偏的裙身，都是女性化的高雅格调语言。作品后身部分作了抓褶设计，褶的端头设在后腰侧面，并装饰上经典的蝴蝶结元素，有一种非对称韵味。色彩单纯强烈，令人印象深刻。

图2-5（中）1966年秋冬伯汉设计的迪奥作品。作品有明显的迪奥本人的影子。此外，伯汉取灵感于好莱坞大片《奇瓦格医生》，宏大深沉的俄罗斯油画般的画面，

棕褐、灰黄色的色彩基调，女主角拉拉那长长的、丰满的大伞裙和短靴，以及贵妇们毛皮镶边的大衣，都成为他的设计元素。

图2-6（右）20世纪90年代费雷设计的迪奥作品。作品简洁、高贵，色彩强烈。长外衣曲线完整，突出女性形体美和修长感。优雅的板型和别致的领子、侧开襟体现了费雷精致的技术。胸部的错位皮带、皮革的帽子、皮手套凸显硬朗，和简约的服装线条相得益彰，具有建筑美。

装……"。安吉拉·默克罗比在其《后现代主义与大众文化》一书中也有一节标题为"时装设计师之死"，提出后现代的服装设计不需要设计师也可以完成。

虽然高级时装延续至今，但其所受的冲击是显而易见的。迪奥的设计师们给品牌带来新的气息，但在20世纪80年代和90年代前期的多元化时装浪潮里，品牌却代表了传统和保守。

1996年，掌握迪奥公司的LVMH集团作出惊人决定，聘请英国前卫设计师加里亚诺为首席设计师，希望他给品牌带来新鲜血液。时尚圈闻讯紧张万分，担心加里亚诺的疯狂会搞垮迪奥50年来的经典。但之后的事实证明，这位年轻的新秀成功地给高级女装带来翻天覆地的变化。

接棒之初，他进入迪奥生前的工作室，分析迪奥的作品和资料，从每张草图、每件衣服，甚至每一道缝线的细节里寻找迪奥的设计精髓，在与大师的对话中获得灵感。他对三位之前的继任者的作品也作了详尽的研究，揣摩每件作品背后蕴藏的精神。加里亚诺领悟到迪奥最经典的元素，一种特定年龄成熟女性的妩媚风韵，由特定的气质、曲线、性感等巧妙地结合，在特定场合、特定情感诱导下迸发。1997年初，他推出了全新的迪奥作品，以迪奥的"新外观"结合了亚文化元素，将女性的优雅、妩媚孕育在前卫、夸张中，引起不小的轰动（图2-7、图2-8）。之后，加里亚诺在每一次发布会上都给世人带来新的惊喜，而人们也期待他每一季的作品发布会。

图2-7 1997年春夏加里亚诺设计的迪奥作品。作品内层为优雅的礼服裙装，上身直接以羽毛材质做成五彩漂亮的羽衣，颈部围着大大的昂贵的毛皮围巾。雍容华贵的女模特没有幸福愉快的表情，且被禁锢于一个大鸟笼中。作品似乎喻示人类从自然攫取了大量的资源而过上富裕的物质生活，却精神空虚、失落，过度的向大自然伸手、视自然为人类的附属，导致生态恶化而最终为自然环境所困。

图2-8 1997年秋冬加里亚诺设计的迪奥作品。兽皮纹样在现代服装设计中经常被作为环境保护设计理念的表现元素。该作品以自然、环保为主题，设计手法上具有后现代的特征，采用人造毛皮和层褶的纱两种质感反差较大的材料进行搭配；样式上多层的风貌以及反常规的结构，突出了原始风格的同时也带有前卫感；遍及周身的民俗风貌纹身纹样，丰富了表现元素；背景中茂盛的植物似乎也在表达环境保护的立场。

图2-9 （左上）1998年加里亚诺设计的迪奥婚礼服作品，作品将印第安民俗风格元素应用于婚礼服。白色绸料婚礼服具有大气的立裁效果。颈胸挂饰具有鲜明的印第安风格样式。袖子局部镶拼的白色裘毛有原始意味，与主体面料质地形成反差混搭，同饰品互相呼应，在相对简洁的婚礼服上形成多个趣味视点。

图2-10 （左下）2004年加里亚诺设计的迪奥作品，以天马行空的创意将古埃及风格带入迪奥高级女装。大片金色让人仿佛置身于古埃及奢华的王室生活中。金色反光金属片的硬朗与白色褶皱纱的蓬松形成对比美。前卫的头饰是古埃及图腾的变体，胡子造型来自于法老，加上诡异的妆容，给作品增添超现实感及戏剧化效果。鹰图腾、人造宝石等华丽的服饰品烘托了主题。

图2-11 （右下）2007年春夏加里亚诺设计的Dior作品。灵感源自日本传统服饰及日本歌舞伎风格。传统和服转化成上下装，上装的交叠式领襟、合身的侧开衩长裙，以及由和服腰饰转化而来的上衣腰、摆部立体设计，都是日本民族元素和当代国际服装精神的融合。麻质的薄型面料经精致的手工做出折纸般效果的局部造型。而充满传统风味的友禅纹样则遍及整套服装，使作品富有生命感。夸张的竹片头饰设计出倾斜方向，与非对称的领襟和腰部形成均衡韵味。

图2-12 （左上）2006年春夏加里亚诺设计的迪奥高级成衣作品。幽暗而妖媚的色调，柔美和酷硬的糅合，使作品具有超现实的视觉震撼力。作品打破传统的优雅而不是抛弃，将优雅柔美和中世纪哥特、朋克等元素混搭，女模特仿佛是从古堡走出的既妖艳又恐怖的幽灵。

图2-13 （右上）2004年秋冬加里亚诺设计的迪奥作品，具有后现代的设计意味。时装的规则被颠覆，夸张的服装外观再次成为时尚界瞩目的焦点。作品取灵感于流浪吉普赛风格，旧报纸、补丁、毛皮碎片、歪扭的布片甚至易拉罐、树枝等，都被设计师用上。设计师仿佛将一堆破烂披挂在模特身上，材质的折中混搭，无拘束的设计手法，呈现出另类的设计特征。

加里亚诺灵感来源极为丰富，他可以将任何一种元素巧妙运用到服装上，印第安的（图2-9）、古埃及的（图2-10）、日本的（图2-11），或中世纪的（图2-12）、爱德华时代的以及20世纪30年代或50年代的女星等等。他可以一改女装的优雅、淑女风范，引入街头破烂装（图2-13、图2-14），也可以将女性美和性感甚至略微的淫荡堕落结合到一起。他的设计前卫、大胆、梦幻、唯美，设计手法丰富，折中混搭、解构等后现代设计手法使他引领后现代时尚。他使品牌焕发

了新的生命力，再次立足于高级服装之巅（见图2-15~图2-17）。

4. 拉夫·西蒙时期

加利亚诺充无疑为迪奥创造了一个顶峰。但是，后来其过多的类似的搞怪缺少了新意，渐渐给人似乎江郎才尽的感觉。更为甚者，2011年加利亚诺在一次酒后口吐狂言，使用了种族歧视的语言，这使他遭到"名门正派"迪奥品牌各方面的"赶尽杀绝"。加利亚诺被迪奥开除后一年多

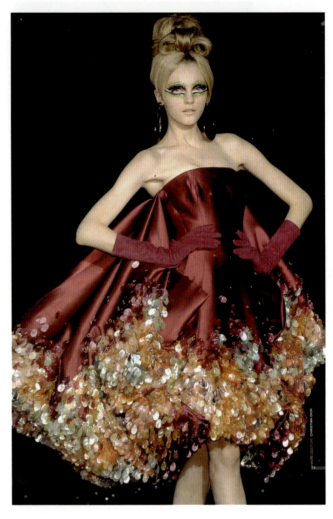

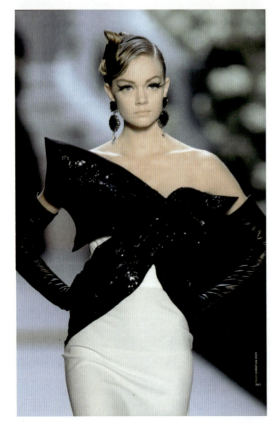

图2-14 （左上）2000年春夏加里亚诺设计的迪奥作品，他出人意料地将流浪汉的破烂装元素引入设计。作品将碎布、废旧印刷品、破网、酒瓶等风马牛不相及的破烂折中混搭在一起，街头的、贫穷的东西堂而皇之登上时装殿堂。从结构、材料到理念，传统高级时装都被解构。经典品牌原有的疆界被打破，设计空间变得天马行空。

图2-15 （右上）2007年秋冬加里亚诺设计的迪奥高级成衣作品。高雅的黑白配色和简洁、优雅的款式相得益彰。白色抹胸连衣裙柔软、贴身，女性化十足。上身部分为夸张的结饰，具有日本蝴蝶夫人风格，不对称造型富有韵味。而露肩设计强调了性感。黑色丝绸上缀以黑色珠片，显出内敛的奢华。

图2-16 （左下）2008年春夏加里亚诺设计的迪奥高级时装作品。如同每一季，加里亚诺的高级时装创意已经成为人们的期待。该作品延续了华丽、夸张且优雅的风格，紫红色裙摆上绣满色彩绚丽的杂色大珠片，极富视觉冲击力。蝴蝶夫人、古埃及奢华装饰等以往设计元素被融合。解构的裙体造型、及膝的裙长使横向视觉加强。

　　图2-17 2007年秋冬加里亚诺在法国凡尔赛宫迪奥60周年庆发布会上的作品。该场发布会取材于印象派、立体派 等现代艺术以及法国、日本、西班牙等国的文化元素。该作品色彩艳丽，采用粉红色和桃红色的配搭，两种颜色互相穿插和自然过渡，水晶等饰品装饰于上衣领子、头部等处，显得璀璨夺目。上身部分较合体，领子作夸张处理，腰部紧束，长至地面的下裙部分造型夸张，总体呈金字塔形，上、下分多层结构，每层内部为裥褶，外部为肥大的皱褶，艳丽的色彩加上夸张的造型，极富视觉张力和冲击力。

时间里，品牌由他在任时的助手Bill Gaytten代为打理。2012年，拉夫·西蒙（Raf Simons）正式成为迪奥的创意总监。

迪奥品牌于2012年4月9日宣布："将聘用Raf Simons担任设计总监一职。迪奥真诚地欢迎Raf Simons的到来，他有着他人难以比拟的才华，我们将期待他为品牌带来的惊喜与贡献。"而这位比利时才子也未能免俗地表示："这是拥有最丰富历史与声誉的品牌，无与伦比的缝纫工艺与专业态度，在此我对加入迪奥团队深感荣幸。"（图2-18、图2-19）

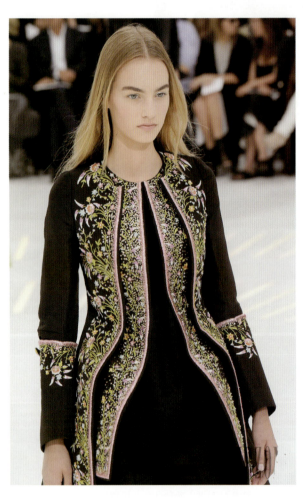

图2-18　2014年秋冬迪奥品牌高级时装作品。该作品总体上采用了刚毅与柔和相结合的手法，在廓形上体现了干练和刚毅，而柔和的、极富女性化特质的古典宫廷刺绣装饰，则是点睛之笔，体现出现代女性的刚柔并济的气质。

图2-19　2015年早秋迪奥品牌作品。游刃于各种元素间，休闲和愉悦的感觉与日常的实用相结合，诠释出全新的实用主义之美。在梦幻而现实强烈对比中，形成了独立而奇异的轮廓线条。在服装大胆的创意基调中，装饰着柔和又略带阳刚气的彩色亮片，雕凿出混合着狂野与奢华的精致感觉。

范思哲（Versace）

1. 华美、性感的先锋和艺术时装天才

20世纪50年代初，意大利开始进入国际服装市场，其中一些品牌也闻名于世，到60年代，意大利的高级成衣受到全世界欢迎。20世纪70年代早期，米兰因毗邻纺织生产和成衣制造地区而成为意大利服装大都会，70年代末，米兰时装周成为世界四大时装周之一。此外，当时家族企业的传统在意大利仍很盛行。在这样的一个时代背景下，意大利设计师詹尼·范思哲开始走上世界服装舞台。

范思哲1946年生于意大利南部一个小镇，母亲经营一家小时装店，仿制巴黎的时装样式，范思哲从小耳濡目染而表现出对时装的浓厚兴趣，以致后来辍学帮母亲做设计和采购。1972年，范思哲到米兰发展，给几个品牌做设计，积累了丰富的经验。1978年，范思哲以家族联合方式创立品牌。1979年他首次举办作品发布会，其作品主要采用自己偏爱的皮革面料，受到美国市场的欢迎。20世纪80年代，热爱音乐的范思哲看到摇滚乐在青年中大受追捧，果断与摇滚明星合作推出摇滚风格服装，这成为其事业的一个转折。1982年他推出金属服装，获得成功。

整个20世纪80年代，范思哲处于兴盛的发展期，而且自己独特的风格也逐渐形成。范思哲的故乡曾受到希腊殖民和阿拉伯文化的浸润，也因为古典及多元文化的成长背景，范思哲对于各种文化风格始终保持开放态度。他对艺术和文化的兴趣也反映在他每一季的创作中，古典、中世纪、文艺复兴、巴洛克（图3-1）、洛可可的影子层出不穷，而现代的POP艺术（图3-2）、摇滚、朋克等街头非主流元素更是多见于其作品

图3-1 1990年范思哲外出服作品。内层为范思哲著名的紧身连衣裤，采用莱卡面料，仿佛形成第二层皮肤。作品上印染对比强烈的炫目色彩，配以大气的巴洛克纹样以及金色链饰、扇形图案、立体抽象图案。外衣里布采用和连衣裤一样的纹样色彩，外层以白色主调提亮色调。整体感觉奢华艳丽，富有装饰美。

中。在他的作品中可以看到不同元素折衷主义意味的混搭交融（图3-3），对不同时期的宫廷贵族风格的借鉴，也使得其作品的装饰和色彩极尽艳丽和奢华。

从小对古典的热爱以及在大学学建筑期间接触到的古典雕塑，使他对女性美感加深理解，而女神斜披式服饰对他以后的斜裁设计也产生影响。范思哲从小就把电影中的性感女明星勾化成性感、暴露、优雅、迷人的希腊神话中的蛇发女妖美杜莎，这种情结成为他设计中极力追求的主题，性和时尚的联系是他所探索的对象。他在设计上突出丰满的胸部、纤细的腰和长腿，大受美国消费者欢迎。20世纪80年代中期开始，范思

哲以艳丽、性感的晚礼服而蜚声世界，紧裹身体的经典晚装是他的最爱。在他的设计中，暴露和隐藏同样重要，以挖得很深的领线和高开衩的裙子为其主要特征。范思哲用他"二合一"式的设计，把纯洁的、包裹的外观和放荡的裁剪、撕开的布条组合起来。对晚礼服的重视导致一系列变化的外观，比如，他深入研究时装史，从20世纪前期的大师作品中吸取了斜裁和柔软裙装特点。性感与优雅，奢华与激情，使他的作品充满个性和魅力（图3-4）。

2. 面料创造大师和超模开拓者

在范思哲丰富多彩的设计作品中，面料的独特和创新引人注目。对面料的灵感一方面来源于历史，同时他也创造了全新的面料，即进行二次设计。他对面料的改造分为两个阶段：一是制造

图3-2 （左上）1991年秋冬范思哲礼服作品，设计中可以看出范思哲对艺术和戏剧的热爱。作品取灵感于美国波普画家沃霍尔的作品《玛丽莲·梦露》，以服装语言重新诠释。款式造型上，加入了胸衣化的性感元素。金属材质使用，也是范思哲的特征之一。作品色彩华丽，富有歌剧风格。

图3-3 （右下）1991年秋冬范思哲作品。从历史元素中寻找灵感，该作品超乎常人地以神圣的方式出现，取灵感于华美的拜占庭基督教艺术，以宗教题材的装饰珠宝镶嵌图案为主要设计手法。皮装的黑色更显出纹样的华丽，皮革、珠宝的厚重和丝绸裙装的轻形成对比。皮茄克、胸衣式上衣、超短裙以及摇滚乐手的太阳镜，都显出反叛和性感风格。

面料时直接改造；二是先决定面料，再根据技术、历史、质地、象征意义等，对不同元素进行替换、重叠、混合、换位等。范思哲在1983年秋冬季作品中，将粗花呢用斜纹工艺织造，创造了凸起图案；1988年秋冬，他追求层叠效果，并将威尔士王子羊毛加上浮雕式的巴洛克纹样；1986年，理念来于奥斯卡·王尔德对优雅的定义："起皱的、微微坏损的织物外观表现出穿者对服装的价格不屑一顾"，他用麻质纱线和褶皱效果改造了传统细条纹毛料。

最具革命性的面料设计是用印花来代替手工刺绣，用机器生产出来的光滑的印花图案取代了出现在服装各个部位的立体的手工刺绣，他在丝绸上印染动物毛皮纹样、巴洛克纹样（图3-5）以及金属纹样等。对于皮革和金属材料的改造也尤为突出，比如皮革的染色及浮雕装式装饰（图3-6）、对金属网眼面料（图3-7）的柔软诠释等。在对面料的使用上，范思哲前卫大胆地反传统理念总为设计带来创新，各种在质感、色彩或

图3-6 1995年春夏范思哲礼服作品。将洛可可风格和现代感融为一体。上身部分为内衣外穿风格的紧身吊带胸衣，较多暴露身体，黑色、条带、金属材质，都是前卫的朋克元素。腰部紧束，前腰部衣摆呈尖角造型，夸大蓬鼓的下裙充满大褶皱，这种洛可可式的造型强调了女性身体和性感，夸大了视觉刺激。

图3-4（左下）1994年春夏范思哲礼服作品。范思哲取灵感于朋克风格的安全别针、黑色和撕裂效果，并将其粗野的一面加以精致化改造，安全别针换成金色镶钻别针，其上还装饰了品牌标志美杜莎头像。以精心处理的深开领和侧开缝表达了性感。街头元素经过改良，进入高级时装的殿堂，这款作品也因此成为礼服的里程碑式作品。

图3-5（右下）范思哲作品，属于面料创造大师及巴洛克大师范思哲的"狂野巴洛克"风格。采用丝绸印花及后现代波普拼贴手法，将宫廷巴洛克纹样与豹纹组合在一起，设计成一款长裙礼服。胸部的胸衣式性感设计和吊带的金属设计，都是范思哲风格的经典元素。黑色底色上的亮黄色巴洛克纹样显得金碧辉煌，加上优美、豪华的造型和气势，极具视觉冲击力。

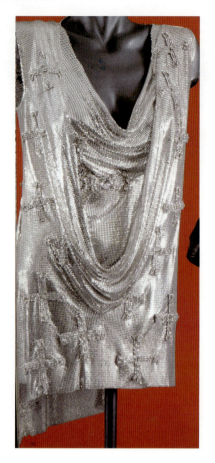

图3-7 （左）1997年秋冬范思哲最后一次发布会上的礼服作品。范思哲开发了金属网眼面料，使其具有柔软面料的外观，并染色、镶饰以及与其他面料搭配，还经常将其用于合体的礼服设计中。该作品即为双层银色金属网眼迷你新娘裙，柔软的双荡领和贴体处的曲线完全改变了沉重感。同色的十字架纹样既表达了宗教艺术元素，也丰富了肌理效果。

图3-8 （右）1998年范思哲婚礼服，具有性感和未来风格。丝质贴体的连衣裙上，装饰着银色的丝线和金属质地的曲线造型元素。金属曲线纹样沿着身体的曲线产生或宽或窄的变化，银色丝线极具流动感，体现出品牌经典的性感风格。银色的色调和简洁的廓形具有未来风格，而且简洁的廓形上又有着丰富的装饰。

象征意义上不相干的反差较大的的面料，被他组合在一起，比如皮革与丝绸，金属网眼与羊毛针织物等。

除了面料工艺，范思哲的创造力似乎无处不在，"超模"的打造也是其品牌成功的一个重要因素。世界时装史上，多数情况下是模特造就时装，而范思哲却是时装打造模特，并使其以更大的影响力助推品牌。模特在时装界本来只处于从属地位，而范思哲把最优秀的女模特搜罗于帐下，加以培养，将其提升为"超级模特"，并花高价请她们走秀。纳奥米·坎贝尔、辛迪·克劳馥等都在其中。利用传媒和明星人物，范思哲品牌影响被扩大。在短短二十年左右，这个家族式品牌发展成为一个时装帝国。

3. 品牌神话的危机和延续（当娜泰拉·范思哲时期）

1997年，范思哲不幸遇刺身亡，品牌由妹妹当娜泰拉担纲设计。

1993年当娜泰拉便负责设计童装系列，之后增设年轻副牌Versus，在集团中一直举足轻重。她善于公关，结交许多名流。执掌品牌后，她延续了范思哲一贯的魅力、性感风格，并加以改造，比如：减少装饰，更注重剪裁、比例和面料，摒弃一些细节，和新时期的时尚融为一体。并且，对于性感的理解她和詹尼有所不同，詹尼注重以暴露和张扬来表现性感，而当娜泰拉则认为以想象和神秘感来表现性感是新世纪的时尚。她努力让自己的作品既有现

图3-9 （左上） 当娜泰拉设计的范思哲作品。以毛皮印染纹样的丝绸和华丽的金属饰品作搭配，显出范思哲的经典。金属材质被诠释到极致，由其做成镂空网状紧身胸衣式上衣，解构式的手法颠覆了传统意义上的服装结构和材料，其奢华而坚硬的质地和柔软的皮肤形成前卫感和性感。裙装和饰品形成质感对比，为其纹样增添野性的性感。

图3-10 （左下） 2000年春夏当娜泰拉设计的范思哲作品。造型简洁且不乏性感，在范思哲的风格基础上作了更为精致和女人味的改造。色彩纹样艳丽，灵感源自热带丛林植物，以丝绸平面印染技术作出富有视觉效果的植物形态和色彩。镀金金属链饰使简洁的款式增添了精致和奢华感以及时代感。

图3-11 （右下） 2003年春夏年青副线品牌范思哲作品。艳红、玫红色加上蕾丝、丝绸、闪光的皮革，极具艳丽视觉效果，同时，内衣式的设计混含了性感及年轻感。品牌的经典元素——金属被演绎得较为到位，从腰带、项链、手镯、脚镯、连衣裙的吊带到皮包，其硬朗质感和未来感的外观，与丝绸形成强烈反差美。

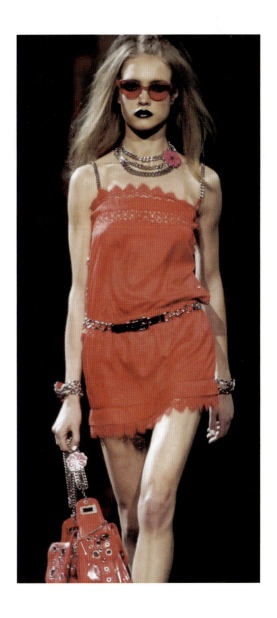

代感，又不失去性感魅力，她为范思哲创造了新的性感魅力。

当娜泰拉的设计更具个人色彩，更年轻。作为女性，她比哥哥的设计更有女性味。她的作品要反映出女性对自我的新肯定，既含蓄又外露，在理性和感性之间表现女性的精致魅力，用更柔美的曲线表现适度的性感。她热爱流行音乐，喜欢艳丽的唇彩、金银线织制的内衣，长及地面的晚装，凡是能使女性魅力增大的"武器"无不受她喜爱。她的才华与精力，隐含着一种勇气和自信（图3-8~图3-18）。

当娜泰拉也遭遇过低谷，甚至一度濒临破产。她也承认在追求自己的设计哲学过程中有失误，但不后悔，她认为时装界情况已不同以往，她必须探索一条不同于詹尼的新路。2004年，当娜泰拉搜罗家族外的人才进行重整，公司情况有所改观。在范思哲身故9年后，她凭实力上升为世界顶尖时装设计师。2005年在世界十大杰出女性评比中她获得时尚奖。每年她要设计10个时装系列，还监督皮具、香水、配饰等的设计工作。范思哲帝国将如何续写时装帝国神话，服装界将拭目以待。

图3-12 2006年春夏当娜泰拉设计的范思哲高级成衣作品，带来热带海边的诱惑。薄纱外衣款式宽大，穿着随意，透明纱上的纹样似乎随风飘浮，极具动感。黑色和各种热带植物的艳丽色的配搭，显得跳跃、欢快，内层黑色比基尼若隐若现，以自然女性味重新诠释了性感。

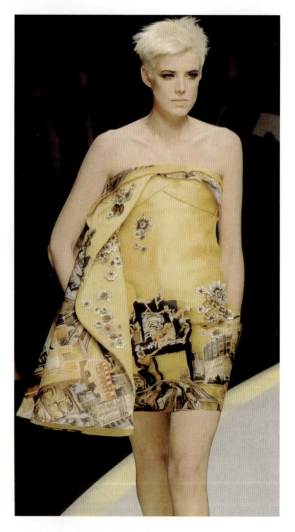

图3-13 2006年春夏当娜泰拉设计的范思哲高级成衣作品。似乎刻意远离外界所认为的华丽艳俗，该作品以结构设计为重点。胸部被严密包裹，设计重点由通常的胸部转为侧面，披挂式布幅长过短裙，较有新意。纹样是作品的亮点，亮黄底色上装饰大面积的拼贴纹样，内容有街道、楼房、东方古典家具、樱花等，较有突破性。

　　图3-14（左上）2007年秋冬当娜泰拉设计的范思哲高级成衣作品。精致合体的剪裁、优美的比例和品质感的面料，加上高雅而现代感的灰色调以及裘皮内敛的奢华，打造出当娜泰拉风格的新范思哲女性：融感性于理性中，融性感女人味于优雅精致中。挺直的中灰色精纺毛呢长裤，表现出精纺毛呢的精神内涵。针织上衣也以合体的、细腻的风格出现，和下装协调。夸张的裘皮披肩拥有浅灰到深灰的色阶，变化丰富，其蓬大的造型和套装的合体形成对比，其雍容华贵的本性与不事张扬的灰色将高雅表现地非常巧妙。

　　图3-15（右上）2007年秋冬当娜泰拉设计的范思哲作品。极简的连衣短裙，柔软的面料因涂层和银灰闪光金属质感效果，而带有高科技的冰冷和前卫。宽宽的直线交叉式肩带上缀以工整排列的小方形银灰金属片，其造型向服装内部延伸，呈对称的折线形。整体风格具有典型的极简、未来风格。

　　图3-16（右下）当娜泰拉·范思哲始终认为，范思哲一直所坚持的冒险和性感路线是必要且值得的。她曾说："我的设计师提供给那些勇敢而坚强的女性的，胆小懦弱的人请走开！"在该作品中，当娜泰拉以纯紫色来诠释范思哲的经典性感风格。长长的、优雅的裙身，却有一侧长开衩一直开到大腿根，整条腿都裸露出。而同时，领子开得很深，这种"高开低走"的设计手法是范思哲的经典手法。作品打破传统优雅，加入性感元素。

图3-17 2014年春夏范思哲品牌作品。米兰时装周上，当娜泰拉把浪漫的花卉图案应用在成衣作品上，甜美的外观和多彩的颜色让作品充满着活力。

图3-18 2015年秋冬范思哲品牌作品。作品以蓝、黑为主色调，加入了大量几何元素以及流畅线条的剪裁，更添动感氛围。腰部的不对称设计和彩色金属腰带设计是作品的重点。

纪梵希（Givenchy）

1. 优雅精致的典范

纪梵希（Hubert de Givenchy）凭其独树一帜的优雅格调，半个世纪来持续不辍，他所创造的"赫本旋风"，成为时装史的一段佳话。1995年当他宣告退休，媒体评论说这标志着"一个优雅时代的结束"。

1927年纪梵希出生于法国，从小受过较好的工艺美术品熏陶。10岁时他参观巴黎万国博览会，被维奥娜、夏奈尔等服装的美感所打动，开始有做时装设计师的憧憬。17岁时他来到巴黎，一边做Fath的学徒一边在巴黎美术学校学习，其后为Paiguet设计，之后进入Lelong的工作室，和迪奥、巴尔曼等人共事。之后他进入夏帕瑞丽工作室，几年的名家名店工作经验使他受益匪浅。

1952年，在前辈大师巴伦夏加的鼓励下，纪

图4-1 （左）1956年纪梵希的晚礼服作品，以丝绸材质创造出既柔软又富有雕塑美的造型。上身部分贴身，下裙部分内层为贴身长裙，外层为膨大的褶皱造型，松紧对比强烈，比例优美，再搭配多层白色珍珠项链和长手套，充满优雅精致的感染力。

图4-2 （右）1961年电影《Tiffany的早餐》中赫本的造型，纪梵希作品。该礼服是继夏奈尔之后，小黑裙的又一个丰碑。长长的黑色裙身简洁优雅，线条较贴身，更富曲线美。线条自然，和赫本的天生优雅气质完美搭配。Tiffany的珠宝首饰为作品增色。

梵希创立了自己的品牌。纪梵希一生敬仰巴伦夏加，与他保持着深厚友谊，并得到他的指点和提携，这也是纪梵希成功的因素之一。20世纪50年代前期，在迪奥等复古的时装洪流中，纪梵希和巴伦夏加却认为这将是一个新技术飞速发展、改变人们生活方式的新世界。新女性争取自由解放的呼声很高，她们对时装的需求，将随她们乘飞机出差或旅行的频繁，而发生重大变化，她们需要行动自如、舒适方便而又优雅的新式时装（图4-1）。

纪梵希品牌创立后第一个系列作品，有简洁的蓬袖蝉翼纱短上衣、轻盈的棉质百褶裙。该系列作品呈现的"单件服装可独立与其它衣服随意搭配"的设计理念在当时具有革命性。同年，他以"19世纪旅馆特色"为主题推出首次作品展，采用了廉价的白色纯棉被单布为面料，巧妙地运用了典雅的刺绣和华丽的珠饰，简洁而不失优雅，含蓄而不失随意，获得巨大成功。

纪梵希的作品受到美国市场的热烈欢迎。1953年，他开始为美国名人设计服装，奥黛丽·赫本和杰奎琳·肯尼迪这两个女性演绎了纪梵希的经典设计风格——精致高雅，尤以

赫本与其的合作令世人注目。最初，纪梵希只是让赫本试穿现成的作品，但随后，试穿的优美效果和赫本独特的审美完全征服了他。之后在长达40年的交往中，赫本和纪梵希共同创造了一个神话——"赫本风格"。赫本的着装强调了苗条纤柔，总能以最少的服装穿出最佳的效果（图4-2）。她将温顺柔弱的女性特质具体化，其形象混合了魅力、世故、优雅和贵族气以及孩童般的天真烂漫。纪梵希捕捉到赫本的气质，使她焕发出明亮的光芒，并成为其一生的形象设计师。

1955年开始，纪梵希把注意力集中到服装的造型和色调上，同年推出名为"自由造型"的筒形裙装，其作为革命性的服装引起不小轰动。1957年，纪梵希推出布袋装，被评论为"

图4-3 1995年纪梵希在告别秀上的黑裙装礼服作品，再次演绎了经典优雅的小黑裙风格。外形简洁、优雅的裙身充满褶皱，膝上的蝴蝶结装饰富有女人味。大气的黑色宽线条和20世纪90年代流行的颓废烟熏眼妆，带来许许时代新意和个性。

图4-4 1995年春夏纪梵希作品。造型简洁利落，较贴身合体，显示女性形体特征。精纺毛呢的可塑性很好地表现了职业女性的干练风采，而同时又不乏高贵和优雅。以红色作为主色突出了热情和活力，硕大的珠串、纽扣、耳环采用黑色相呼应，和主色形成对比，增添了些许大气感。

图4-5 1997年秋冬麦克奎恩设计的纪梵希作品。该长裙礼服采用黑色皮革面料，造型简洁优雅而富有现代感，剪裁优美，前短后长的裙摆富有动感，工艺精良的皮条编结、镂空等富有肌理变化，可见经典品牌的深厚底蕴。而颈肩部双头鹰的前卫设计和模特凌厉的妆容却颠覆了传统，突显前卫。

图4-6 1999年秋冬麦克奎恩设计的纪梵希作品。礼服长裙简洁优雅，外套搭配比例优美。华丽的复古纹样在黑色底色上更显效果夺目，非常规的超长袖子下半部造型具有解构意味。而模特头戴银色面具使作品呈现太空未来风格和超现实感。

创造了一种新的穿着方式"。自20世纪70年代起，纪梵希推出各种新式的鞘型晚装，腰部下方搭配对比色或绣花的宽幅腰带，是他献给服装界的经典礼物。创作风格的改变一度使美国商人失望，公司出现危机，但和赫本的组合使他摆脱了困境。

1988年，由于资金问题，加之纪梵希认识到奢侈品时尚产业潮流将向集约化的方向发展，于是将品牌转让给LVMH集团，自己仍担任首席设计师，直到1995年退休。在纪梵希几十年的设计生涯中，一直追求古典（Gneteel）、优雅（Grace）、愉悦（Gaiety）、纪梵希（Givenchy）的"4G"设计风格，他的作品成为现代淑女风范的经典（图4-3、图4-4）。

2. 从优雅到狂野（麦克奎恩时期）

从20世纪60年代开始，后现代主义的反叛浪潮渐渐席卷欧美及整个世界，其反权威、反中心、反传统等思想，以及对现代主义的颠覆，在时装领域表现为高级时装受到来自街头、亚文化、非主流元素的冲击，比如嬉皮士、朋克等运

动。有人提出"高级时装已死"，有人提出后现代的服装设计不需要设计师也可以完成。虽然高级时装延续至今，但其所受的冲击是显而易见的。纪梵希品牌几十年以来，在时装界几乎成为"优雅"的代名词，但在20世纪80年代和90年代前期的多元化时装浪潮里，品牌却难免显得缺少活力。

1995年末，加里亚诺担任首席设计师，为其注入创新意识，但因其置法国传统于不顾，遭到纪梵希崇拜者的反对。1996年，费雷接替其位置。紧接着是麦克奎恩1997~1999年的加盟，这位有"坏小孩"之称的年轻的英国前卫设计师，将其惊世骇俗的狂野设计风格带入纪梵希，又能吸收法国传统文化，融合纪梵希经典的简洁优雅，每次发布会都引起关注和轰动。麦克奎恩把

图4-7　麦克奎恩设计的纪梵希作品。这位有"坏小孩"之称的年轻的英国前卫设计师，将其惊世骇俗的狂野设计风格带入纪梵希。该作品灵感源自宇宙旅行。模特仿佛外星人，头部和上身包裹着透明塑胶材料，上面装饰着网络回路等高科技纹样，或直接取材于电脑材料及荧光灯，手法极具后现代意味。下装具有荧光效果的回路图案与上装具有相同风格，而表现方式产生变化。整体设计给人超现实的视觉震撼。

图4-8　2001年春夏麦克唐纳设计的纪梵希作品。作品采用红色、黄绿色以及白色，色彩浓艳，对比强烈。其结构主要分为三个部分：上身部分为缀珠丝质鱼网上衣，突显性感；腰部结构紧身，采用现代感较强的构成纹样装饰；而裙子采用丝绸拼饰硬质纱，视觉效果最强烈。麦克唐纳的设计比较具有个人特色，总是被认为不与品牌风格相融合。

他迥异于传统美学的设计和超常的想象力，以及对宗教、死亡、性等的思考，带入纪梵希传统的优雅中，使纪梵希打破原来的风格界限，大胆地和大众、街头等文化元素折中融合，既保留了品牌的精髓，又免于时代的淘汰，焕发出新的生命力（图4-5~图4-7）。

3．新领军人物（朱利安·麦克唐纳和瑞卡德·提西）

英国设计师麦克唐纳（Macdonald）被誉为"英伦针织天王"，其作品以奢华艳丽风格著称。大学毕业后不久，他曾受拉格菲尔德之邀为夏奈尔设计针织衫。2000年，28岁的麦克唐纳受纪梵希的邀请取代麦克奎恩成为首席设计师。图4-8~图4-10为麦克唐纳此时期的作品。纪梵希在业内一直以最低纲领主义设计风格和精妙的剪裁技巧著称，其经典优雅风格自然不言而喻。随后的几位设计师都曾为品牌注入"新鲜血液"，但没有哪位设计师能够与品牌完全匹配，麦克奎恩极具侵略性的设计以及麦克唐纳的俗艳都曾令媒体嘘声一片。

2005年纪梵希由意大利新锐设计师瑞卡德·提西担纲设计。他认为高级时装的概念，决不仅仅意味着大裙小裙和繁复刺绣，相反，更繁复的东西在于那些看似简单的设计中，对身体可能性的无限探索，像是尝试一种不同的生活和穿着方式。他先后

图4-9 （左上）2002年秋冬麦克唐纳设计的纪梵希高级时装作品。采用了品牌经典的黑色裙装，统一的黑色调显得隆重又高贵，丝绸、纱的高贵和服装风格相贴切。上短下长的比例，具有长度变化的裙摆以及女性化的褶皱装饰，显出品牌一贯的经典优雅。半透明的纱、修长的腿部及交叉系带的高跟鞋，又透出难掩的性感。

为纪梵希带来严谨外观中的性感、神秘摩登情调和纪梵希的阴影、雕塑精神的觉醒，以及低调奢华、中性风、浪漫主义视觉和优雅精致线条的结合（图4-11~图4-18）。

图4-10 （右上）2003年春夏麦克唐纳设计的纪梵希高级时装作品。剪裁合体的白色西装式上衣，结合了精纺毛料和镂空钩花面料，虽然具有混搭风貌，却较为协调；挺直修长的裤装后部，搭配着丝绸和纱组成的多层荷叶边拖地长裙，既有材质变化，又富有韵味。

图4-11 2007年秋冬提西设计的纪梵希高级时装作品。作品基于纪梵希本人仰慕的古典风格，并恰当地融入时尚元素和设计手法。洁白的丝绸长裙自然地垂下，展现出优美的垂感和自然褶皱，而上身部分密集的褶皱形成的缠绕交叉，也富有古典韵味。闪光金属片以抽象形状的组合，既象征了古代盔甲，又极具前卫感，其和褶皱丝绸的穿孔交叉具有非常规解构手法特征。

图4-12 2007年春夏提西设计的纪梵希高级时装作品。作品灵感源自冰冷的海边小镇和美人鱼传说，整体给人优雅而冷艳的感觉。S线形轮廓使模特显得优雅而浪漫，富有女人味，具有爱德华时代服饰风格。上身的繁复褶皱、裙摆的规律宽裥装饰增添了贵族感。暗灰色纯一色彩显得低调而成熟。低调、内敛的奢华贵族气息，或许正是设计师所要表现的。

图4-13 （左）2006年春夏提西设计的纪梵希高级成衣作品。采用纯白色塑造简洁而迷人的女式套装。淑女风味的纱质衬衫，恰当地饰以褶皱。线条简练的高腰中裙，加上罗马式的皮凉鞋，表现女性优雅柔美的同时也不失干练和现代感。模特夸张的黑眼影与整体的白色形成强烈反差，突显个性和神秘。

图4-14 （中）2007年春夏提西设计的纪梵希高级时装作品。作品灵感源自冰冷的海边小镇和美人鱼传说，整体给人优雅而冷艳的感觉。精致的立体人造花和鱼尾裙摆极富女性化。网格面料及透空效果具有感性。同时，冰冷的淡灰色调、宽皮带以及模特冷艳的表情，矛盾元素被巧妙地融为一体，浪漫和忧郁的风格极富感染力。

图4-15 （右）2007年秋冬提西设计的纪梵希高级成衣作品。以古希腊式的褶皱和粉红色调，塑造典雅精致、细腻妩媚的女性形象。抹胸式的连衣裙，线形合体，体现女性自然曲线。夸张的领巾打破常规比例，富有视觉效果。领巾的束和放，使褶皱从密到疏，像水一样自然流淌下来，极富视觉美感。

图4-16 （左上）2008年春夏提西设计的纪梵希高级时装作品。延续了设计师一贯的幽暗和硬朗风格，基调定为简洁和酷帅。黑色主色调突出冷硬感，黑白配色个性明朗。黑色上衣款式采用了前卫的解构手法，突出另类感。局部设计上如大衬衫领、宽而短的领带以及罗马鞋，也不乏精彩。整体贴身的线条及材质柔软的窄腿裤呈现既刚硬又不失性感的外观。

图4-17 （中上）2014年春夏纪梵希品牌作品。主要参考了日本和非洲的风格，即两种文化的碰撞——日本的纤细和非洲的垂褶。哑光与亮光相互交叠，在礼服上面设计了上百种垂褶方式：颈部项圈、长到肚脐的项链，褶皱皮带就像吊带一样挂在肩上。整个作品仿佛参加一个原始的假面舞会。

图4-18 （右下）2015年春夏纪梵希品牌作品。作品以黑白两色以及皮质、铆钉等将基调定位在了暗黑哥特感，但是细节中蕾丝、透视、薄纱等女性元素的应用又在强势中注入了无限浪漫柔美，做到了刚柔并济。

高田贤三（Kenzo）

1. 东方视角和国际品牌东方第一人

西方进入动荡反叛的20世纪60年代后，欧洲文化中心主义受到挑战，欧洲文化不再被当作全人类诸种文化的尺度，遭到黑人文化、土著文化、亚洲国家文化等亚文化的强烈冲击，欧美的文化组成逐步趋向于多元化的方向。"民俗风貌"在70年代的时尚中占据着重要的位置，所表现的地域范围也扩展到世界的每一个角落。在民俗风中，东方的文化尤其被西方关注，东方文化的神秘性和原始性，是后工业社会中所特别缺乏的。20世纪70年代初，日本等国家和西方国家的密切交往，也拉近了东、西方的距离。

正是在这样的背景下，高田贤三把日本和服的平面形式引入西方时装，并且在设计中融入多

图5-1（左）1984年高春夏田贤三的作品。高田贤三的多元民族风设计风格反映在作品中。作品灵感源自非洲，披挂式服饰，鲜艳粗犷的配饰和来自非洲土地的色彩以及条纹图案都是非洲的元素。高田贤三的设计宽松、舒适且可随意配搭，色彩丰富，很受年轻人欢迎。

图5-2（右）1988年秋冬高田贤三的作品。宽松舒适、实用的大衣，色彩艳丽、图案精致，体现了高田贤三四季如夏的艳丽色彩风格。图案源自文艺复兴时期精美华丽的肖像绘画。周围搭配以鲜艳的自然花卉纹样。高田贤三取材广泛的折衷混搭手法展现无遗。

民族风情，从而在巴黎取得成功，并传遍世界各地，成为第一个在国际市场上树立自己品牌的亚洲设计师。

1939年高田贤三出生于日本南部一个中产阶级家庭，从小对绘画和时装有浓厚兴趣，并立志成为服装设计师。在当时的日本，从事缝纫业的都是女人，男性做裁缝被认为有悖传统，所以他的想法遭到父母的强烈反对。进入大学学习英文一个学期后，为能进入日本文化服装学院，1957年高田贤三辍学来到东京，一边打工赚钱，一边准备考试课程，终于在第二年如愿考取。母亲也被他感动，支持他的全部学费。

在大学期间，皮尔·卡丹的作品展示以及小池千枝从巴黎留学回来后的讲课，都加深了高田贤三赴巴黎的愿望。三年的努力学习实践使他已小有名气，毕业后任Sanai百货公司设计师和《装

图5-3 1989年高田贤三的作品，他的民族风格、自由思想及色彩特征都有所体现。设计上有明显的东欧及波西米亚风格，精致的碎褶和蓬鼓造型，褶皱丰富、形体宽松而外散的中长裙子，田园风情的头巾，以中性深色搭配鲜艳浅亮彩色，优雅而活泼。

苑》杂志图案设计师，积累了相当的设计和操作经验。1964年的一个意外让高田贤三的服装之路有了新的转机。因政府筹建奥运会，高田贤三获得一笔拆迁费，他买了去马赛的船票，开始了梦寐以求的西方之旅。

高田贤三搭乘的货船沿途在很多国家和地区的港口停靠，有越南、秘鲁、非洲、希腊等，这使他大开眼界，得以接触各种不同的民族文化，为他以后的异国情调设计奠定了基础。高田贤三到达马赛后不久辗转来到巴黎，过了一段通常异乡人都要经历的贫苦和孤独后，他的设计生涯终于有了转机，通过《ELLE》杂志卖出十几张设计图，并在Pisanti公司做设计。

1970年4月，高田贤三创建了女装店，用油漆在店内画满卢梭的绘画，并取品牌名为"Jungle Jap（日本丛林）"和"Jungle Kenzo"，后来在1984年改名为"Kenzo"。1970年8月，高田贤三举办小型时装发布会，在作品中推出和服式平面剪裁，不需打褶，不用硬质材料，也能保持挺直外观。他的服装打破20世纪60年代束袖窄肩的线条，彻底改变了服装的结构和外观造型，给予身体自由感受。他的大胆尝试涉及从针织衫到外套，终结了对传统设计的依赖。从此，高田贤三的事业步入青云路。1971年，他的服装作为巴黎新产品销往美国，引起轰动，被热衷于新生事物的美国人广泛接受。经过五月革命洗礼、即将产生新价值观的巴黎时装界把高田贤三看成是新的领头人，他的服装穿着舒适，价格适宜，不久从巴黎传遍世界各地。对于揭开高级成衣时代的序幕，高田贤三起到了重要的作用。

高田贤三的成衣品牌迅速在国际领域享有盛名，各大时装之都相继成为他的舞台，出众的才华使他赢得当时"亚洲第一设计师"的美誉，打破了以往欧美设计师独霸天下的局面。在四十多年的设计生涯中，他一直坚持多元民族文化的融入，挖掘各民族文化的精髓，罗马尼亚的农夫裙装、墨西哥的大披巾、厚实的斯堪的纳维亚毛衣、中国劳工及葡萄牙水手形象、地中海式条纹衬衫及T恤式裙装等，以及非洲文化、埃及文化、中国牡丹印花文化，都无不为高田贤三的创作提供灵感。到20世纪80年代，高田贤三品牌更是红极一时。（图5-1~图5-7）

图5-4（左上）20世纪90年代高田贤三的作品。高田贤三擅长运用色彩，对色彩的敏锐度非常精准，因此博得"色彩魔术师"的称号。该作品中，七色条纹短上衣、连衣短裤、晕色裤袜随意系结的衬衫，带来热情、奔放的时尚女郎形象。色彩有黄、红、橙、绿、玫红、紫、湖蓝等，外衣采用竖条纹，而其余款式上的印花则采用晕染效果，从而产生巧妙的虚实变化，使色彩语言丰富。

图5-5（右上）高田贤三作品。灵感源自日本传统和服，并加以现代化的改动。连身装被改为上、下分离的两件式，上衣腰节以下的现代样式诠释了和服的腰饰。精致绚烂的色彩和纹样是高田贤三的招牌设计，该作品纹样体现了日本传统风格。模特的东方青春式发型体现高田贤三经典的青春风格。

图5-6（右下）1998年春夏高田贤三作品。以"东方热风"为主题，带来太阳照耀下的沙漠的感觉。作品采用金属和蕾丝两种反差极强的材料，金黄色金属材质做成胸衣及腰饰等，而黄色调蕾丝则做成不规则的斜摆裙，具有中东风情，并演绎了性感。

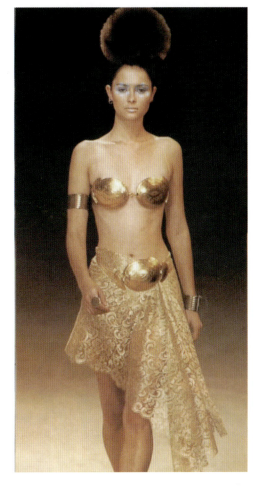

2. 独步色彩之巅的大师

自由、愉快的活力充满高田贤三的每件作品，他驾驭色彩和图案的能力一直为时装界所惊叹。他把四季都想象成夏天，在色彩上变换着"戏法"。

图5-7 高田贤三作品。作品颇具后现代意味，男装化的女装打破了性别界限，而印花牛仔裤、西装等材质及风格的混搭，又是一种折中主义思维方法。男式双排扣西装采用常用的藏青牙签呢，廓形硬朗。本身具有中性化风格的牛仔裤印染成艳丽的抽象纹样，作品与极具宫廷气势的巴洛克式背景相映成趣。

图5-8 2004年玛拉斯设计的高田贤三作品，游牧民族风格的款式显出一种自由和不羁。作品的设计重点在于艳丽的花卉纹样，其作风似乎是一脉相承于高田贤三。玫瑰花以立体的纹样形式装饰于白底色调平面衣身上，疏密有致，衣摆根据花卉自然形态设计，整体给人扑面的春天花园气息。

东方视角和多民族风格，让他的作品充满丰富色彩。他擅长运用色彩，对色彩的敏锐度非常精准，比如鲜艳亮丽的红、绿、桔黄、紫等高饱和度色彩同时出现于一个作品，拿捏好各色彩恰当的比例，又不流于俗套，回望国际顶级设计大师，具有这种功力的寥寥无几。高田贤三因此博得"色彩魔术师"的称号，也因此塑造了鲜明的品牌形象。

高田贤三的图案往往取材于大自然，比如蝴蝶、鸟、鱼等美丽的小动物，他尤其倾心于花。他在服装上最令人称赞的，莫过于花卉图案的运用，这也是他在设计中所钟爱的图案选择，每季作品都会有不同演绎手法表现花朵的迷人之处。从莫奈的《睡莲》到随处可见的山花烂漫，从中国、日本的传统花纹到蜡染等多种染色手法，都在高田贤三的作品中出现。由于在设计的前提中，高田贤三都是以少女青春纯洁的形象为出发点，而花卉最能尽情展现绽放生命的热情与自信，自然而然成为最佳的诠释表征。花朵盛开时展现出的充沛生命力毫不保留地展现在他作品中，充满朝气和喜悦（图5-8、图5-9）。

3. 品牌低谷和后继者的风采（Antonio Marras时期）

高田贤三是20世纪70年代在欧洲崛起的日本设计师中欧洲化最深的一位，因此在20世纪90年代后，大部分70年代日本设计师逐渐退出

图5-9 2004年玛拉斯设计的高田贤三作品。花卉纹样及其丰富的色彩仍然是一个重点。大花卉、卷草纹、小花纹样，使人仿佛来到美丽的春天花园，在深暗底色上，花卉更带有一丝神秘色彩。款式上融合了东欧、吉普赛及游牧风情，与色彩纹样的感觉相协调。

图5-10 2004年秋冬玛拉斯设计的高田贤三作品，在高田贤三的日本直身剪裁和东欧的民俗风中加入都市游牧及吉普赛的元素。遍布褶皱的自然棉质面料，服装和饰品的层叠，金属饰品及流苏的粗犷感，都透出自由洒脱的游牧流浪风情。色彩清新，斜格纹富有活力。

时尚舞台之际，他不但时髦依旧，同时也占据时尚界崇高地位。然而高田贤三的一生似乎注定不平淡，出于对面料的热衷，他在90年代初冒险进军家居用品市场，其结果就是1992年他的设计室被LVMH集团收购。1995年，高田贤三将品牌卖给LVMH集团，自己专注于设计。比起1980年代的红极一时，品牌在20世纪90年代稍显沉寂。

21世纪初，年届60岁的高田贤三宣布退休，去享受一直向往的田园生活。贤三退休后，品牌设计由他培养的设计师负责，新任者由于只走他的老路且功力稍嫌不足，没有个人的创新才华的发挥，致使品牌几乎得不到任何关注。

2003年，LVMH集团宣布由意大利籍设计师玛拉斯出任高田贤三品牌设计总监。凭借其华丽而讲究的剪裁功力、敏锐的视角与出色的才能，将品牌带入了一个新的高度，为高田贤三品牌注入了新的生命力。他为品牌重新立下定论，他说"民族"二字太狭隘，反之"糅合传统文化"才是品牌的根本。他的设计成为近年来巴黎时装界的最大惊喜之一。他为高田贤三品牌带来全新的花朵和色彩，过往几年那种拘谨作风被自由和放任的都市游牧风格替代，而这才真正契合高田贤三本人的理念。此外，在保持高田贤三的经典元素前提下，大胆融入贵族风、非洲风等元素，使品牌长新，活力无限，在顶级服装业中仍独树一帜（图5-10~图5-16）。

4. Humberto Leon和Carol Lim时期

为了给拥有四十多年历史的高田贤三品牌注入年轻活力，2011年LVMH使出怪招，聘用纽约潮店 Opening Ceremony 的两位店主担任创意总监。他俩虽不会动手设计，却最知道怎样让商品变成时髦抢手货。

出生于加利福尼亚的Hunberto Leon 和Carol Lim年仅36岁，他们曾在加利福尼亚大学伯克利分校一同求学。毕业后，两人都搬到纽约，Leon 曾在Gap 和Burberry 品牌工作过，Lim 有金融方面的工作经验，曾为Bally 做市场营销方面的工作。两人于2002年创立了Opening Ceremony，成为幕后创意推手（图5-17）。

图5-11 2006年春夏玛拉斯设计的高田贤三品牌作品，表现高田贤三品牌所追求的自由精神。作品将作为品牌标志物的花卉演绎得丰富而精美，充满田园风情。小格纹棉、印花丝绸和不同花型图案面料拼接组合，精美的抽褶、泡袖、优雅的长裙、帽饰和小阳伞都给人自然愉悦的感受。

图5-12 2006年春夏玛拉斯设计的高田贤三品牌作品，轻快的设计灵感源自海滨及航海风格，类似水兵服的翻领、横条纹及镶边条纹，深蓝色、白色的配色，带来浓郁的海滨气息。宽松的长裤、合体舒适的短上衣是年轻优美的比例，多处不同宽度的条纹形成呼应，女性化的蝴蝶结、粗犷的铜扣以及少量的鲜红色，带来活跃和轻快感。

图5-13 2006年秋冬玛拉斯的高田贤三作品。东方民俗味浓厚的装饰风景画充满生活情趣，色彩鲜艳，使人仿佛置身大自然，体会空气、水、天地和生命的喜悦，不愧是高田贤三品牌传人的力作。长上衣和短裙的比例富有情趣。上衣款式来自中国，领、襟及布扣充满东方风格。

图5-14 2007年秋冬玛拉斯的高田贤三作品，灵感源自狂野的拉丁风情。激情的红色经黑色的配衬，更显强烈视觉，针织上衣的贴体、简洁、规则横条纹及腰臀部分收紧的造型和下裙的松散奔放、繁复抽褶、自由花卉纹样，形成强烈对比美，充满拉丁风格的性感和激情。黑色礼帽增添些许神秘感。

图5-15 （左上）2008年秋冬玛拉斯设计的高田贤三作品。平面结构的修长裙身和超小的肩胸部立体皱褶形成强烈对比，给人深刻视觉印象。粉红色丝缎质地的裙身上，装饰了立体手工刺绣纹样，色彩繁复而艳丽，取材于日本传统服饰纹样，夸张的几何状外形使图案繁而不乱，极富视觉效果。而色彩上，也充满温情的东方情调。

图5-16 （右上）2008年秋冬玛拉斯设计的高田贤三作品。将复古与现代两股潮流兼容并蓄，在经典的褶皱精神和"一块布"概念的技术积累中重新整合。高田贤三的直身平面剪裁和花卉纹样被精彩的演绎，自然大褶皱宽松舒适，裙体上的写意花卉从形态到色彩都十分惹眼，浅黄绿和白色底色上的红色、黑色花卉富有东方情调和视觉冲击力。简洁的、宽宽的腰带从图案到款式更是转化于日本和服的腰饰。

图5-17 （右下）2012年春夏高田贤三品牌作品。两位新任创意总监卡罗尔·李(Carol Lim)和温贝托·梁(Humberto Leon)在他们设计的作品里，最想表达的就是他们来到巴黎后所感受到的兴奋与新鲜感，以及美国风格和巴黎街头时尚的碰撞，拼接、撞色、大面积的鲜艳色块，都成为他们表达自己心声的设计语言。

拉克鲁瓦（**Christian Lacroix**）

1. 从文艺史热爱者到服装设计师

1951年拉克鲁瓦（Christian Lacroix）出生于法国南部的阿尔（Arles）。阿尔是一座充满阳光、有着瑰丽景色和神奇魅力的小城，这个曾经给梵高和其他众多伟大艺术家带来无穷灵感的地方，也赋予了拉克鲁瓦热情浪漫的气质。童年时期的拉克鲁瓦经常看祖母收藏的大量时装杂志，

图6-1（左下）1998年拉克鲁瓦婚礼服作品。"巴洛克大师"的该作品华丽、高贵，蓬袖，紧身的上衣部分，以及不加裙撑架的蓬裙都来自巴洛克的样式。而大片富丽堂皇的金色搭配局部的紫红色，是巴洛克典型的色彩。而巴洛克风格的纹样自然必不可少，金色、红色面料上遍布着同色的巴洛克风格纹样，上身部分则以张扬的金叶造型和浮雕式的盘纹，将巴洛克式的奢华加以突出。

图6-2 （右上）20世纪90年代拉克鲁瓦作品。采用巴洛克式的造型，上身部分贴体、收腰，下裙则利用大的褶饰做出蓬鼓外观，褶饰做出的椭球形造型夸张了臀部视觉，强调了人体性感。色彩采用黑色和玫红色配搭，效果华丽、刺激，而上身的蕾丝面料除了高贵和性感，也化解了黑色的庄重。

这使他不仅耳濡目染时尚潮流，还接触到经典的古典时装。有一次在阁楼上，他找到一本详细介绍19世纪60年代服装的书，这让他如获至宝，日后拉克鲁瓦对浅粉橙色、深紫色以及用战争年代的素材做成的有陈旧感的礼服、褶皱的偏爱，就是从那时培养出来的。母亲接受了当年流行的颇为运动的优雅风格和一些较为传统的夏装，这些都是拉克鲁瓦记忆中的典型搭配。小时候，每年都有歌舞团来家乡演出，每次看完，他会在用纸剪的人物廓形上，玩重新设计服装、搭配色彩的游戏。

中学毕业后，拉克鲁瓦进入蒙塔佩利尔大学攻读古希腊、拉丁文学和文艺史，还一边学习时装画。系统的学习使年轻的拉克鲁瓦受到法国、意大利和西班牙三种文化的洗礼，尤其是地中海的古老文明造就了拉克鲁瓦对美术、歌剧、音乐和歌舞的浓厚兴趣。这一切都为他将来成为一位才华横溢的时装设计师奠定了基础。1971年，他奔赴巴黎卢浮宫学校学习艺术史，希望有机会在美术馆或博物馆做一个讲解员，从事他喜爱的文史艺术研究，而把服装作为爱好。然而，当他遇到自己未来的妻子——服装设计师弗朗索瓦，她的热情和横溢的才华感染了他，也改变

图6-3 20世纪90年代拉克鲁瓦作品，灵感源自巴洛克风格。紧身胸衣的样式，蓬鼓而层叠褶皱的袖子，没有裙撑架而用硬质纱做衬裙、造型略为膨大的长裙，这些手法都借鉴于巴洛克风格。色彩方面，贝壳灰、浅红紫和黑色带来较为清新高雅的氛围，少了些华丽和炫目。细节上，裙身的斜向扭纹富有韵味，而露出的内层裙子，也借鉴于巴洛克的款式特点，丰富了层次感。

图6-4 2002年秋冬拉克鲁瓦作品。该季作品给人一场真正的视觉享受，款款作品如同刚刚破蛹而出的美丽花蝴蝶。该作品混合了宫廷风格和中世纪风格，暗红色、金色营造奢华感，而极具装饰感的古典宫廷风格纹样更添高贵感。

了他的命运。

受妻子的鼓励和支持，拉克鲁瓦开始从事服装设计，相继在Hermes等多家公司任职，还曾到东京的日本皇宫从事过服装设计，坚持走过了10年默默无闻的学习、探索之路。1881年，命运终于为拉克鲁瓦打开了通向成功的大门。经朋友推荐，他成为巴黎老牌时装公司帕图（Jean Patou）的饰品设计师。拉克鲁瓦运用绚丽的色彩、灿烂的配饰和充气垫圈式的气球形短裙子（the puffed-up short balloon skirt）设计震惊时装界，消费者为这些新奇的设计所折服，

帕图的销售额一下子翻了两番。

2. 法国古典宫廷风格的拯救者

初露头角后，拉克鲁瓦没有停止脚步。1982年，拉克鲁瓦在巴黎洲际饭店举办的处女秀为时装界带来一股清新之风，也为他赢得了"巴黎征服者"的美名。1986年，年仅35岁的拉克鲁瓦以帕图设计师的身份首次获得了法国时装金顶针奖，真正成长为一名顶级服装设计师。1987年，在大财团费南基厄勒·阿加什（Financiere A-gache）的资助下，他创立了自己的高级女

图6-5 2003年春夏拉克鲁瓦作品。世界经历着政治和经济的双重灰暗的压迫，但是在拉克鲁瓦的高级时装童话中，人们依然能拥有甜蜜、轻松和浪漫。该作品整体基调为年轻、现代感觉，拉克鲁瓦把众多的彩色、粉色以及霓虹色用于薄纱、丝绸和蕾丝等，女性化十足。紧身小外衣灵感源自弗拉格纳尔的洛可可油画，极具装饰意味的胸衣式上衣非常性感，而爆炸式的多层褶皱短裙犹如芭蕾舞裙。糖果色的迪斯科假发更增添了年轻活力。

图6-6 2003年秋冬拉克鲁瓦作品。拉克鲁瓦的时装形象中既有东方女性的神秘莫测，又有伦敦女性的古板怪异，还有法国女性的浪漫随和。该作品游离在幻想与现实、激情与理智的碰撞中。

图6-7 （左上） 2005年秋冬拉克鲁瓦作品。模特装饰满宝石的高跟鞋轻踩在白色天鹅绒地毯上，展开2005/2006秋冬Christian Lacroix高级订制服发布会的序幕。该作品融合了巴洛克的层褶装饰、怀旧色彩的爱德华时期贵族风格元素以及东欧民俗元素，给人低调的贵族风格视觉享受。

图6-8 （右上） 2005年秋冬拉克鲁瓦作品。低暗的总色调，黑色天鹅绒制成的玫瑰头饰、雍容华贵的裘皮、波西米亚风的长流苏和女性化的荷叶边与蕾丝，营造出没落贵族般的氛围。

图6-9 （左下） 2006年拉克鲁瓦作品。该高级女装使用了较多的黑色来表现华丽风格。丝绸、蕾丝材质的内层黑色连裙装上，红色的巴洛克式宝石挂链显得华丽耀眼，其红色与下装的色彩也形成呼应关系。裘皮镶边的上装，其衣片上华丽的镶嵌纹样最让人注目，金黄色、黑色、银白色组成的金属片和人造宝石，虽然色彩种类不多，但沉稳大气中透出的奢华更打动人。

装公司，注册了Christian Lacroix品牌。这是自从伊夫·圣·洛朗在1962年开办公司以来的第一家新时装公司，他的时装表演也像当年迪奥、圣洛朗那样具有轰动效应，他的设计成为法国最受欢迎的设计之一。1988年，他再次将金顶针奖收入囊中。

从20世纪六七十年代开始，后现代主义思潮侵入到时装领域，嬉皮士、朋克等团体的非主流服装极受年轻人追捧，对传统高级时装冲击很大。另一方面，70年代的通货膨胀、失业率上升使人们对奢华的时装产生抵触情绪，因而，高级女装陷入低谷。到80年代，经济、政治及文化的更新发展，物质主义重新抬头。拉克鲁瓦抓住时代精神，把繁琐的巴洛克风格中的种种因素集中起来，创造了极为灿烂和华丽的新时装系列。他把传统法国时装的种种因素，比如抽纱、刺绣、补绣、花边、饰件、首饰等全部融于一体，创造出复杂而华贵的作品。没有人在时装设计史上像他这样思绪如潮、广泛借鉴。评论家朱利·包姆戈德说："法国大革命以来，自从那些法国贵族从宫殿中被推上断头台以后，从来没有人能够创造出这样华贵和绚丽的服装来。"从某种意义上说，拉克鲁瓦是恢复古典的、贵族式的法国服装派设计师。但是，这样还不能说明一个全面的他，他不但能够恢复贵族气派，同时也是一个非常具有独创精神和想象力的设计师。他把古典风格和朋克风格结合起来，把摇滚乐的气质结合起来，好像街头艺术家一样，把眼睛所看到的一切都利用起来，作为创作的源泉。20世纪80年代初期，法国的高级时装可以说已经奄奄一息了，是拉克鲁瓦给它注入生气，使它获得新的生命力。

3. 华贵、绚丽的极致

20世纪90年代，时尚界流行简约、怀旧、朴素等潮流，但拉克鲁瓦却依然以华丽耀眼的作品

展现内心深处的灵动。1992年，他推出了复古的巴洛克风格华丽女装，使用了热烈的色彩、精美的面料、讲究的裁剪以及完美的手工做工，使每一件作品都美轮美奂，充满法国古典宫廷艺术的精神。1994年，拉克鲁瓦推出新的成衣品牌Bazzar，将高级时装的精致融入年轻化的服装，让华丽和轻松自由结合起来，依然璀璨夺目，也更为活泼潇洒，让年轻一代也能感受到古典法

图6-10 （左下）2007年春夏拉克鲁瓦作品。紧身上衣，V形腰线，具有重复褶皱造型的印花缎子裙身，不用撑架仍显膨大造型的效果，作品具有浓郁的巴洛克服饰风格。服饰图案采用满地式，繁复的花卉让人感觉到扑面而来的春天气息。肩带等处有不规则黑色条带设计，加上黑色花卉头饰，稳定了整体色调，带来当代气息。不对称领型及银色的大臂饰给人以当代感和未来感。

图6-11 （右上）2007年春夏拉克鲁瓦作品。服装通体采用可爱、迷人的黑底白色小圆点纹样，而点缀在领口和裙子上的人造花饰也采用同样的面料花型。与色彩纹样相协调，造型上主要采用褶皱、蓬松荷叶边，由此产生了不规则的领口、蓬袖，不规则裙摆的超短裙显得青春、性感。短上衣、六分袖和超短裙在比例上十分协调。

图6-12 （左）2007年春夏拉克鲁瓦作品。作品通体以深浅两种红紫色设计而成，浓艳华丽的红紫色调通过褶皱造型大面积铺陈，极具视觉冲击力。浮雕式的褶皱被设计师巧妙地安排于优雅、性感的曲线造型中。腹部红紫色大花装饰是形态大小对比、锦上添花的成功范例。精致、华美而夸张的手镯和服装色调协调。

图6-13 （右）2007年春夏拉克鲁瓦作品。作品风格柔美，采用浅粉红色雪纺纱。长长的裙身运用褶皱纱的荷叶边进行层叠设计，色调因为层叠样式而变得有深有浅，富有变化感。同时，层层叠叠的荷叶边造型使作品蓬松，多曲线、曲面，富装饰感，加上粉红色的渲染，充满柔美梦幻情调。上身领子部分运用纱的垂感设计波浪形自然荡褶，衣身部分则进行横向或斜向缠裹，视觉变化丰富。精致的金属饰品在材质上和纱形成对比，而甜美风格一致。

国时装的浓厚气息。不过，他整个设计的核心依然是高级时装，时装界也似乎更愿意让他去设计高级时装。在1999年的巴黎时装周上，拉克鲁瓦设计的火焰系列晚礼服、18世纪风格的短上衣、绢网芭蕾短裙等高级定制服装带来明亮缤纷的色彩，其婚纱则将优雅和奢华集于一身，发布会大获成功。

自成功地创立品牌之后的十多年，拉克鲁瓦专心于设计，逐渐形成了Christian Lacroix 品牌的整体风格（图6-1~图6-3）。

高贵华丽、灿烂夺目是拉克鲁瓦最典型的风格。拉克鲁瓦的设计以鲜艳无比的颜色及设计风格赢得时尚名流的喜爱，其独创一格的女装概念，创造出另一层面的美丽定义。拉克鲁瓦将不同思想、不同文化融会贯通，将复杂多变、充满戏剧性的设计与各种布料色彩、风格

混合，在世界时装史上开辟了一个新时代。其作品风格独特，灵感源泉瑰丽多彩。有来自传统的，如普罗旺斯文化，也有来自异族的，如神秘东方风情……最重要的是，他是所有法国知名品牌设计师中借助服装语言将法国本土文化精髓转化得最为透彻明晰、表现得最为淋漓尽致的一位。

拉克鲁瓦的设计，从来都不是中规中矩的，总是极尽繁华绚烂之能事。他总是醉心于异域风情的营造：丰饶角的丰富艳丽，眼镜蛇绘画的原始质朴，艳俗的桃红、明快的柠黄、耀目的孔雀蓝，总是在一起和谐又相容，演化出油画般的炫目光彩。衣料极为华美，常会有出人意料的拼配组合，锦缎再加上刺绣、毛皮、珠片、蕾丝，东方韵味的印染与绣花，甚至真金刺绣等，是否过于奢侈，是否有悖常理，全不是拉克鲁瓦会顾忌

的事情。街头风情、博物馆、歌舞院、斗牛士等不同场面、不同风情会有机地组合在一起，更显艺术家独特的驾驭技巧。

进入21世纪，Christian Lacroix依旧华丽无比，鲜丽华贵的面料，再现高贵豪华、灿烂夺目的典型巴洛克式华丽风格，体现了对服装设计独特性的执着与无穷无尽的理念实践，坚持了手工艺术价值永远不灭论。拉克鲁瓦本人也于2002年荣获法国骑士勋章。

拉克鲁瓦在时装界独树一帜，在他的头脑中始终萦绕着宫廷般的奢华倩影，视时装为艺术，追忆着往日的高贵华丽。在现实和幻想之间，他以其才华，竭尽全力以时装的方式描绘女性心灵深处的奢华梦境，他让每件服装都成为艺术作品，尽管价格不菲，仍然受到上流社会女性的追捧（图6-7~图6-17）。近年的全球金融危机冲击了众多的奢侈品品牌，Christian Lacroix也受到其影响。拉克鲁瓦仍在顽强地坚持，衷心希望Christian Lacroix的华丽和梦幻永远不会消失。

图6-14 2007年秋冬拉克鲁瓦高级时装作品。作品汲取宫廷贵妇风格为设计灵感来源，在材料上，采用绸缎、蕾丝、皮草、天鹅绒以及大量的手工刺绣。款式配搭上有叠加的特征，以礼服配搭相应的外套，外套的短巧和礼服的长，拉长模特腿部的视觉比例。巴斯尔（bustle）式的礼服裙将裙装的背后成为装饰重点，裙子在后臀收拢系结，以堆积的褶裥增加丰满感，也使整体更显得优雅华贵。

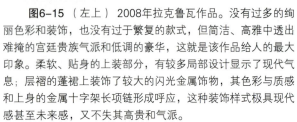

图6-15（左上）2008年拉克鲁瓦作品。没有过多的绚丽色彩和装饰，也没有过于繁复的款式，但简洁、高雅中透出难掩的宫廷贵族气派和低调的豪华，这就是该作品给人的最大印象。柔软、贴身的上装部分，有较多局部设计显示了现代气息；层褶的蓬裙上装饰了较大的闪光金属饰物，其色彩与质感和上身的金属十字架长项链形成呼应，这种装饰样式极具现代感甚至未来感，又不失其高贵和气派。

图6-16（右上）2008年拉克鲁瓦作品。在传统风格上融入现代元素。上衣设计以宫廷式的蓬袖及丰富的褶皱，极具装饰感，而超短的衣身以及活跃的格纹，都能感觉到流行气息。有着花卉隐纹的蓝色裙子和上身的红色形成华丽对比，蓝色中的红色十字架链饰，和上衣、头饰的红色形成有节奏的呼应，并使色调协调。

图6-17（右下）2008年拉克鲁瓦作品。拉克鲁瓦以巴洛克风格将利落的及膝裙设计得极富装饰感和女性味。收腰和蓬鼓的裙形、袖形，多处的皱褶、缎带，巴洛克风貌无处不在，尤其是上身部位的巴洛克纹样惹人注目，在大片黑底色上，亮白色的纹样极具视觉中心感，虽然是黑白色调，也透出一种复古宫廷气派。

阿玛尼（Armani）

1. 男装女用和"80年代的夏奈尔"

时装史经过反叛动荡的20世纪60年代，到70年代依然充满反叛和激进的探索，"反时装"观念盛行，后现代主义、折中主义泛滥。在这种喧闹中，还是出现了一点不同的探索，比如中产阶级的"回归自然"、为成功而穿的职业装以及极简主义走向。到了80年代，则出现了多元化的时装潮流，在很大程度上，时装回归到传统和正规，讲究个人事业成功，讲究物质主义，时装少了反叛和挑衅，时髦的形式是"雅皮"，显示个人品质和品位。在这样的背景下，中性、节制、优雅的阿玛尼服装脱颖而出。

1935年阿玛尼生于意大利，从小受好莱坞战争影片的影响，曾想成为一名医生。在米兰的一所医学院读二年级时，因兵役暂时休学，1957年退役后没有再继续学业，而是进入丽娜桑德百货公司工作。先是布置橱窗，由于经手的橱窗过于前卫，因而被调到销售部担任采购。在这里，从面料使用、采购、工艺、服装板型、色彩、顾客调查到市场营销，阿玛尼积累了丰富的经验。1964年，他进入塞洛蒂男装公司，担任设计师。在那里，他学会在严格细致的工作中创造激情，以科学合理的设计展现魅力，运用朴素简洁的材料表达精巧柔美的气质，并将这种设计理念融入以后的创作中。

1970年，阿玛尼放弃了稳定的高薪职位，与加莱奥蒂合办工作室，开始了独立的设计生涯。创业初期并非一帆风顺，工作室为一个不到14平方米的房间，为了筹集资金，阿玛尼不得不变卖车子，最终得到的资金也不过一万美元。然而，

图7-1（左下）1984年阿玛尼作品。造型取自男装，结合女性的身体尺寸和比例加以些许变化。服装形体宽松，线条简洁流畅，具有男性化的自由洒脱感，宽肩造型更是创造了一个时代的女强人形象。面料选用大格纹粗呢，含灰的色彩显得含蓄而中性。

天道酬勤，1974年他第一次举行男装发布会，作品设计理念来自于经验的积累以及美国式的便装和运动装。该系列服装特点是斜肩、窄领、大口袋，高雅洒脱的设计使他获得"夹克衫之王"的赞誉。

1975年阿玛尼成立了以自己名字命名的公司。

同年，阿玛尼把设计重点从男装转移到女装并推出女装发布会。当时服装界流行圣洛朗式女装风格，多位修身的窄细线条，而阿玛尼大胆地移植男装的设计元素，把女装的线条变宽，放松衣裤，将垫肩从外衣放置到内衣，创造出划时代的圆润宽肩造型。阿玛尼将每个细节都谨慎地加以合理改变，使女装不单单拥有男子气，而且在男装潇洒的基础上，仍富有女性感。这个创造使阿玛尼一跃名扬世界。

20世纪80年代初，阿玛尼圆润宽肩的女装越来越多地受到欢迎，他设计的服装实用、舒适，给白领女装吹来一股轻松和谐之风（图7-1）。精美华贵的意大利面料，出色的板型，简约的设计，使阿玛尼的职业装、无结构的运动装、宽松的便装、礼服都自成一体，创造出难以模仿的新女装造型。正是新颖独特的设计风格，使阿玛尼女装迅速风靡于80年代。由于这种男装女用的思想与夏奈尔的精神有着异曲同工之妙，阿玛尼被称为"80年代的夏奈尔"。

2. 含蓄的优雅和自由精神

其实，真正能体现阿玛尼时装神韵的并不只是一时的造型线，而是一种风格，一种品味。阿玛尼创造的风格和魅力，始终伴随着这个品牌。他设计的女装没有拘谨造作之感，这种貌似简洁、实为讲究的含蓄品味，让众多有教养有品位或性格沉稳文静或事业有成的女士为之慷慨解囊。阿玛尼有这样一条原则："我总是让人们对衣服的感觉和自由的感觉联系在一起，他（她）们穿起来应该是自然的。"

除了精良的剪裁和做工，他的用色也显示了文雅而不造作、美丽而不轻佻的风格。他的套装色调喜欢用无彩的或含灰的复合色系，如灰褐色、米灰色、黑色等。色彩取向是优雅、含蓄和理性。他喜欢的面料有方格粗呢、灰色麂皮、亚麻布为底的羊毛织物以及织有丝线的横贡缎、高档的纯天然或混纺面料等等。他的运动便装多是艳色，但是相当沉着。

在20世纪80年代阿玛尼创建了他的神话以后，并没有一直停留在宽肩女装设计上，90年代是他的设计更趋成熟的时期。他认为："女装不应该过分

图7-2 （右上）1995年春夏阿玛尼作品。简洁流畅的造型比80年代显得柔和，宽肩程度也有减少，女性化占了主要地位，贴身内衣的深开领显露性感。印花丝绸、布扣等东方情调和柔和质地衬托出高雅气质。含灰的色调深浅层次丰富，大方、含蓄而优雅。

强调外观的硬朗和线条分明，最重要的是柔和和合体的线条……因为女装的简洁绝不是减去思想，滤去风格，而是摆脱一切多余的东西，最大可能地表现穿衣者的个性和魅力。" 他保持了设计中含蓄内敛的矜持之美，同时又让女装的线条从圆润中变得更加简洁流畅。选择大量雪纺绸等轻柔面料，综合阴柔之美，摒弃随意的性感，加之水晶等配饰的镶嵌，在奢华与节制之间达到一种平衡（图7-2~图7-4）。

阿玛尼追求自然和谐的设计风格，在服装秀中不用名模，不准模特使用快步、滑步，不准穿高跟鞋，不准摆造型。尽管阿玛尼从来不赞同类似范思哲式的性感奢靡，但是在极度强调个性化的新时代，他偶尔也不得不突破常规，在设计中

图7-3 （左）1998年秋冬阿玛尼作品。简洁、优雅的长裙礼服，长长的薄纱披肩上，花卉纹样细腻、卷曲，富有东方风情。作品对红色做了精彩的诠释：大红色、时尚的雾色红、薄纱中刺绣纹样的红色，同一种红色形成丰富的层次感和变化感。

图7-4 （右）1998年春夏阿玛尼二线品牌Emporio Armani作品。在简洁、雅致上增加了年轻的活泼感。款式简洁不乏女性化的优雅，体现在精美的蕾丝裙装和外套繁复的印花上，面料的复杂和款式的简洁取得视觉平衡。大开领蕾丝短款连衣裙显得年轻性感。内外衣的对比色因肤色的透出而取得协调。

出现内衣外穿、高跟鞋等性感元素，以及一些神秘性感或轻柔性感的元素。阿玛尼是时装界"古典现代主义"的先驱，剪裁和面料的高贵典雅一向是他时装哲学的原则，在古典中融入现代感，是他的追求。在高级时装方面，2005年阿玛尼开始推出Armani Prive高级时装，融汇了他设计才华的精粹。考究的设计、得体的剪裁、高质量的面料，还有无可挑剔的工艺，都是阿玛尼品牌在豪华时装领域获得持久成功的关键因素。

进入21世纪，年已70岁的阿玛尼以过人的精力和创造力继续着他淡雅、飘逸、自然的新女性风格的创造，中西时尚元素、时尚复古等灵感创意不断出现于他的新作品。经过三十多年的历史，阿玛尼服装依然具有强大的吸引力（图7-5～图7-16）。

图7-5 （左）2001年秋冬阿玛尼作品。柔软的材质、简洁自然的线形，既展现了女性的自信，又不失细腻感。细节设计上采用了中国传统的对襟扣，并将它与西式结构相糅合，让传统散发现代光彩。而这种东方式的元素，也使得阿玛尼的简洁优雅更增添别致的美感。

图7-6 （左下）2004年春夏阿玛尼作品。在优雅、洒脱的风格基础上融入地中海浪漫海洋风格，艳丽硕大的花卉，黑白条纹衫，海滨气息扑面而来。暴露的内层上衣，个性化的皮带，穿着方式随意而性感。银灰色长裤带来未来感。

图7-7 （右上）2006年春夏阿玛尼作品。造型线趋于柔软，体现女性自然曲线，宽宽的开领盖住了肩头，贴体的上衣及下裙，喇叭形的衣摆，简洁流畅又富有女性味。色彩上，以含蓄的灰色搭配恬静的蓝绿，五彩的水晶胸花领花作点缀，既优美又内敛。

图7-8 （中下）2006年秋冬阿玛尼作品，简洁优雅不乏装饰感。流畅、贴体的线形搭配永恒优雅的黑白色，令人视觉清新。短小的背心缀饰闪光珠子，女性化十足。在黑色主色上，白色的形态富有大小变化，具有构成艺术效果，使设计活跃。整体感觉优雅高贵而富现代感。

图7-10 （右下）2006年秋冬阿玛尼高级时装Armani Prive作品。采用高贵的黑色调，将裘皮和丝绸这两种同样奢华但质感反差极大的材质以纯黑色统一在一起。精致的剪裁使裘皮大衣也体现身体曲线。典雅的小礼帽、轻俏的丝绸长裙，化解了厚重感。整体设计高贵典雅。

　　图7-11（左上）2007年秋冬阿玛尼高级时装Armani Prive作品。不需彩色，以大师的经典优雅高贵，光泽感的浅灰足以说明一切。该作品取灵感于印度传统文化，斜向的结构，平面式的剪裁，以及带有披覆式的穿着方式，都与阿玛尼的传统非常契合。领胸裸露处全部装饰上印度风格的华丽首饰，是设计的一个亮点。

　　图7-12（右上）2008秋冬阿玛尼二线品牌Emporio Armani作品。总体线形简洁利落，而上衣的领、襟、摆连通式翻卷状褶边设计颇有突破常规结构的新意和装饰味。短装上衣、中裙、圆点纹样丝袜、中靴，都透出年轻气息，而又被统一于简洁高雅中。黑色与紫色调配色显得优雅而神秘。

　　图7-13（右下）2008年秋冬阿玛尼高级成衣作品。以中灰色为主色，配搭黑色、米灰色和少量白色，色调含蓄、中性、高雅，配饰上则稍显华丽，不乏精彩细节，既体现了品牌的精髓，也富有时尚感。宽大的裘皮外套极尽奢华且不张扬，不对称的穿着方式、敞露的胸衣透出野性的性感。褶摆的及膝裙在材质和造型上和外衣形成对比美。

图7-14 （左上）2007年秋冬阿玛尼高级时装Armani Prive作品。宝刀不老的阿玛尼取灵感于摇滚歌手DavidBowie，颇具雕塑美的性感上衣，缀饰闪亮的水晶，几颗炫目的彩色光点仿佛霓虹灯，加上摇滚风的手套，典型的摇滚、迪斯科风格设计。帽子和裙子上的点状与上衣呼应。上衣由腰带系成X型，郁金香花苞裙极富优雅魅力。整体设计在优雅经典上又有前卫创新。

图7-15 （右上）2007年秋冬阿玛尼高级时装Armani Prive作品。宝刀不老的阿玛尼取灵感于摇滚歌手DavidBowie。倒V形的套装式上衣具有立体、建筑风格，双排扣、肩章式装饰都透出男性化元素，加上未来风格的皮带、摇滚乐手露指手套，呈现了硬朗的感觉。郁金香形的裙子上展示了渐变的现代风格抽象纹样，增添几分神秘色彩。年过七旬的大师似乎要不断走向新旅程。

图7-16（左下）2015年春夏Giorgio Armani品牌作品。大量的缎面、透明薄纱材质极力渲染轻盈温柔的氛围，将一个色调作出丰富的层次感，对于乔治·阿玛尼(Giorgio Armani)老先生来说是拿手好戏，米白、银灰、裸色、淡棕色，深深浅浅，犹如沙滩在一天之中变换的光线下呈现出的不同色彩变化。闪闪发光的面料运用，更是模拟出沙滩在阳光下闪烁的光彩。廓形一如既往地宽松、流畅、优雅，配上舒适的平底鞋，仿佛随时可以在沙滩上漫步。

普拉达（**Prada**）

1. 皮具起家和临危受命

和许多意大利著名品牌一样，有着九十多年历史的普拉达以家族企业起家，并且原本为一个高档皮具的生产企业。经过三代人的努力，成为一个包含皮具、成衣、饰品等多个领域的时尚集团。尤其女装，是普拉达集团的时尚招牌，女装店成功与灵魂人物缪西亚·普拉达（Miuccia Prada）在1989年创立女装时独特的艺术个性和时尚视角不无关系。

20世纪初，意大利的商业贸易与交通商旅相当发达，缪西亚的祖父马里奥·普拉达看准市场，从制作手工旅行箱包皮具起家，并于1913年创立普拉

图8-1（左）　20世纪90年代普拉达作品。结构简洁、理性，造型单纯，具有明显的极简风格特征。简练的线条勾勒出女性的自信感。为避免过于单调带来的乏味，设计师在领子、门襟、袖口和裙摆边缘做上镶边装饰，也使整体更趋统一。色彩以自然的沙漠色搭配黑色，显得内敛、知性，白色镶边起到点缀作用。

图8-2（右）　1998年秋冬普拉达作品。 该作品风格简洁，白色的主色调显得单纯而冷艳，低腰部位的灰色、黑色的长方形小色块呈叠置状，仿佛是白色画布上的极简主义作品，丰富了设计。腰部以下的裙体以矩形布条做浮雕式多层设计，增加了变化感和层次感，让作品简洁而不乏味，是设计的亮点。

达品牌。品牌成立后，由于其卓越的品质，许多欧洲皇室成员都成为忠实顾客。当时，女性被禁止参与企业经营，直到 1958年马里奥去世，其女路易莎接手企业，凭自己的才智使企业重获生机。但到她退休之前，由于受到GUCCI、HERMES等主要竞争对手强有力的挑战，企业已经面临极大困境，几乎近于破产边缘。

1978年缪西亚临危受命，和丈夫贝特尼共同接管了举步维艰的家族企业。缪西亚当时28岁，她从小就受家庭的耳濡目染，显示了对流行的兴趣。读大学时她主修政治学，并获得政治学博士学位。和当时很多知识分子一样，致力于左翼运动，这对她后来所从事的"资本家"事业无疑是一段有趣的插曲。

在被缪西亚接管以前，普拉达早已露出陈旧姿态。缪西亚认识到必须创新，走"传统与现代融合"的新路。她果断扩充手袋生产线，生产女式购物袋和背包，并试图寻找和传统皮料不同的新颖材质。她从空军降落伞中找到黑色防水尼龙面料来做袋子，并装饰上具有历史感的品牌标志——倒三角形铁牌，还在局部搭配高档的皮革。产品一炮走红，开创了箱包的一个新时代。缪西亚考虑到如果只做箱包其前景还是堪忧，于是决定拓展产品。1983年普拉达推出皮鞋，1989年进军成衣领域，这揭开了普拉达在服装领域无限风光的序幕。

图8-3 1999年秋冬普拉达作品。在极简冷调的风格上，加入了女性化。紧身裤装采用柔软弹性面料，贴身的衬衫式上装采用透明薄纱，模特的身体曲线展露无遗，简洁中融入了性感。衬衫表面施以手工刺绣纹样，富有装饰味。衣摆塞入裤腰以及高腰部的系带显得随性、自由。绿色调显得富有生命力。

图8-5 1999年春夏普拉达作品。造型简洁，追求机能性，混合了运动感和极简艺术以及构成艺术，涂层闪光毛料加上极简风格显示出未来感。上衣门襟开口和裙子开衩形成不对称平衡，双头拉链增添精彩细节。橙色、白色等醒目的小块色彩装饰于边角，丰富了色彩视觉，避免过于单调。

图8-4（左）2001年秋冬普拉达作品。作品采用成熟高贵的深灰色纯毛面料，简洁的造型、精致的剪裁使作品轮廓挺顺，少装饰的衣身和平面贴袋富有极简风格。统一的深灰色调，极简的硬朗廓形，以及头盔状的帽子，使模特显得酷帅，作品具有些许未来感。

图8-6（右）2001秋冬普拉达作品。灵感源自20世纪六七十年代的服装以及现代构成艺术，几何形的衣片、腰饰显出构成艺术及抽象艺术的风格；简洁的造型和款式表现出极简风格以及未来风格。色彩以深紫色为主，橙红色的宽直线边饰条纹则起到提亮色彩和分割服装的作用。

2. 个性即时尚——从极简、知性到多元

极简主义是普拉达的旗帜。但由于受到流行样式的影响，普拉达最初的设计较普通，为此，她曾体会了混乱和挫折感。她认识到服装越注重商业性就越缺乏个性和新鲜感，这样，作品就会因为随波逐流而不能引起大众兴趣。于是，在之后诞生了全新的普拉达形象。这种新形象给人的印象是冷调优雅，感觉几乎没做设计上的处理，以二手拼接全新布料、毛呢配搭纱等手法，用新与旧、厚与薄等不同材料和感觉的矛盾元素的组合，呈现女性的新时尚，具有丰富启发性。

普拉达曾说："在80年代，我并不喜欢那些很成功的设计大师以及他们的设计理念，我觉得，他们在走一条商业化的道路，而不是个性化的，时装仅仅为那些想取悦社会的女人而设计，女人要么看起来像女工，要么就像玛丽莲-梦露。"普拉达的成功不是偶然的，她从一个女性设计师的立场出发，设计出既符合女性需要，又顺应时代潮流的服饰品。她具有敏锐而不落俗套的流行感觉，致力于用简单的、甚至有些平淡的款式，创造出令人难以置信的时尚和优雅的感受。

到了20世纪90年代，普拉达独特的设计哲学绽放了：内敛知性加不落俗套的优雅，未来主义的极简风格加多元文化的灵感。她的设计观体现了整个90年代的审美意识。缪西亚有一整套清晰的基本设计原则——她相信经验对面料、衬里、各种组合效果和灵感组合的好坏判断；她为那些不因年龄而限制自己穿着风格的人设计，因为她相信强调年龄会制约个人风格；她不让自己的设计落入已有的审美条框，让想象力随着现代社会的变化任意驰骋。"我相信直觉，当我对自己创作的某样东西进行自问这是否完美时，我所要回答的是相信自己的感觉。"虽然没有接受过专业的学习，但恰是这种无拘无束、自信、敢于冒险的个性和出身良好的艺术修养使普拉达的设计自然地融合了传统和时髦，古典中注入前卫的元素。时

图8-7（左） 2003春夏普拉达Miu Miu作品，灵感源于从西方到东方并转道夏威夷的旅行。类似连衣裙样式的作品，上身部分源自中国旗袍样式，立领、斜襟及布扣都较有原汁原味，而下装部分则设计以塑胶材料组成的夏威夷样式的立体花卉纹样，超短的裙身、不规则的裙摆显出青春和性感。东、西方元素以及夏威夷风情三者在作品中较好地糅合，散发着现代感。

图8-8（中） 2003年秋冬普拉达作品。"倒Y"的廓形优雅而不失活泼。上衣采用羊毛衫与毛呢长外套相搭配，加

上几何菱形纹及小格纹的图案，显得较为正规；而下裙较为活泼，外散的裙摆显得随意，尤其是满地式的莫里斯风格花卉植物纹样，色彩活跃、富有自然风情，为作品带来活力。意大利式印花帽子的纹样与裙子相呼应。

图8-9（右） 2006年春夏普拉达作品。直腰身剪裁的连衣裙，采用单纯的象牙白主色，下裙为双层的自然垂褶，让人联想到古希腊雕像。而膝上的裙长、裸露较多的肩胸部、较多部位的金色金属饰品，又带来现代和前卫感。白色配搭局部黑色，显得优雅而不失个性。

装有意外之处，也有浓浓的书卷气。缪西亚无拘无束的个性表达在她每一件作品中，活动自如、远离束缚，大方也易于搭配，以时装表达时代女性的自身感受。不仅如此，普拉达对产品工艺质量把关很严格，努力把每一件产品制成精品，因此，产品深受顾客的喜爱和推崇。

从20世纪90年代开始，普拉达成为影响全球时装界的顶级品牌之一，现今拥有越来越多的钟爱者。为了总能引领时尚潮流，缪西亚尽可能从周围的一切汲取灵感。她深切地体会到，不是时装改变生活方式，而是生活方式改变时装。一旦

一种东西传递了某种信息，它就可以成为时尚。

普拉达认为设计就是一个不断尝试和创新的过程，需要有不妥协的探索和试验精神。从这个过程中，诞生了一系列令人印象深刻的设计作品。从90年代后期，普拉达从极简、知性向更女性化的设计转化，加入更多的手工和装饰细节，而在繁复的装饰后，又向早期风格回归，勾勒出低调奢华和简约变化两大主轴。

以普拉达的小名Miu Miu命名的二线品牌走的是年轻可爱风格，充分表现普拉达自己年轻时的穿着风貌，强调时髦多变的款式，配色、用料、

图8-10（左）2007年秋冬普拉达作品。体现了品牌一贯的简洁而奇特的风格。大衣款式简洁，而这种简洁却有利于面料和色彩的表现。深红、橙色和浅黄橙相间杂而组成温情的色调，加上毛皮特有的卷曲、厚实质感，使作品简洁而不乏女性化。浅褐色丝袜丰富了色调和肌理变化。

图8-12（右）2007年秋冬普拉达二线品牌Miu Miu作品。灵感来自学生装特征。长大的女孩想挣脱三件套、四件套规范的着装，显示成长和独立。从材质和色彩上进行突破，鲜艳醒目的桃红色具有活跃感，而闪光漆皮面料加深反叛感。腰部随意的穿着方式显出反常规，黑色薄针织衫和厚质地形成质感对比变化。

纹样等都较大但活泼，价位也相对较低。

有着九十多年历史的普拉达经过缪西亚夫妇三十多年的运作，已经从一个小型家族企业发展成为世界顶级奢侈品牌。在完成一系列的收购合并后，已成为意大利第一大跨行业、跨国的时尚集团。普拉达集团注重现代感和新潮感，成为时尚家族现代品味的代表者。（图8-1~图8-16）

图8-11（右下）2007年春夏普拉达作品。在简约、冷调的基础上加入恰当的装饰感和性感。高腰迷你裙外型简练，显示女性的自信，也不乏酷帅性感，同时，凸显腰臀部位的形体，且在视觉上拉长下身比例。上衣古典式的抽褶以及浅谈的色彩增添女性的典雅气质，其女性化感觉和腰部的盘结缎带形成上下呼应，这也正是普拉达古典现代风格的体现。深蓝绿色头巾和裙子色彩相呼应，增添些许民俗风。

图8-13 （左） 2008年春夏普拉达作品。通身蓝、绿色调的几何纹样明显来源于OP艺术及涂鸦艺术，而窄小的造型也是60年代的特征。肩袖部混杂了维多利亚的泡袖，而颈饰、发型及幽黑的眼影有朋克的影子及些许反叛气质。领子、门襟浅色的滚边强调了轮廓。

图8-14 （右） 2008你年秋冬普拉达二线品牌Miu Miu作品。清纯可爱的Miu Miu玩起了冷艳和魅惑。几何透空纹样的黑色调长外衣颇具性感，而太空风格的帽型和银色亮片增加前卫感。内层运动式紧身装隐约可见，外衣胸部的字母状如运动员编号。混搭的手法颇具反传统精神。

图8-15 （左下）2008年秋冬普拉达作品。以蕾丝为材质，花样繁复，极富女性化和装饰味。款式设计上较简洁，做到和纹样一繁一简相配，也更突出了纹样的美感，而性感也被控制在恰当的程度，显得现代而优雅。花型大小、色彩深浅等变化较到位，黑色的挂饰工艺品增加了质感变化，带来一丝神秘感。

图8-16（右下） 2015年春夏Prada品牌作品。衣服采用拼凑而成，接合处留下缝纫的痕迹，粗糙地凸显出针脚，锦缎布条连缀在一起，仿佛从前生活中的锦衣华服变成为现在的美丽碎片。这里有明显的贫富之间的角力，不仅在于奢华面料与低廉材质的拼贴，也在于沿领口串起钻石的方式。清晰的深浅色对比缝合线被巧妙运用在服装上。

伊夫·圣·洛朗（**Yves Saint Laulent**）

1. 动荡时代的时装天才

1960年代被称为是"摇晃的60年代"，是20世纪中变化最大的年代。传统的文化形态、价值观念、思想意识，乃至时装上的典雅主张都被抛弃，整个社会的思维方式都发生了很大的变化。西方的经济有了很大发展，出生于二战后的年轻人，物质丰裕精神空虚，因为科学、战争、环境等种种社会现实，父辈的价值观被他们抛弃，"反权威"成了他们的主要思潮。这个时代也形成了很多新的文化现象，如波普艺术、摇滚乐等，"标新立异"成了社会的主要取向。这个时期的时装设计可以用"天翻地覆"来形容，夏奈尔、迪奥的设计都被年轻人抛弃，高品味的典雅时装已不复受推崇，年轻人追求的是与众不同的新设计。服装奇才伊夫·圣·洛朗就在这个时代崛起，并代表着时装设计一个新时代的开始。

1936年伊夫·圣·洛朗出生于阿尔及利亚一个法裔家庭，从小表现出对时装的喜爱，也表现出不同于他人的敏感、害羞的性格。年轻的圣洛朗热衷于绘画和设计，18岁时获得国际羊毛协会服装设计大奖，因此被法国《时尚》杂志总编推荐给迪奥，不久被升为主要助手。对圣·洛朗来说，这是一个重要的机会，虽然学习和工作是艰辛的，但对他的设计生涯起到重大作用。

1967年，迪奥不幸去世后，按其生前意愿，圣·洛朗成为继任者。开始的几个系列作品维护了法国时装的基本风格和品质，并注入青春气息，都引起轰动，但1960年的设计因过于前卫受到批评。同年，他应征入伍服役。由于无法忍受军队的恶劣状况，不久身体和精神都濒临崩溃。两个月以后，他设法从部队退役，而这之前，他在迪奥

图9-1（左）1965年伊夫·圣·洛朗经典之作，灵感源自荷兰风格派画家蒙德里安的抽象绘画作品。蒙德里安以矩形俗原色色块和深色线条的组合，表达平衡的视觉效果和抽象的概念。圣·洛朗将其以服饰语言重新诠释，并使造型以及纹样形式较好体现女性的形体美。

图9-2（右）1967年伊夫·圣·洛朗作品。使用了较多非洲原始民俗元素，比如椰棕、亚麻、木珠和玻璃珠等，原先不登时装大雅之堂的亚文化及廉价的材料，也能在高级时装中占一席之地。这些元素经过精细处理和精心安排，和高级时装的造型及韵味融为一体。

的位置被马克·伯汉取代。由于和迪奥公司的纷争，1961年圣洛朗创办了自己的公司。他在自传中写道："我更感兴趣的是具有自己个性的时装设计。不久，我怀着深深的感激之情离开了他（迪奥）的公司。"

1962年伊夫·圣·洛朗推出自己的作品发布，包括水手型短袖上衣、梨形自然褶饰外衣，还有便装型、骑手型鲁宾逊型等101套服装，受到时装界的一致赞扬。当时时装店拥挤的状况、人们的欢呼狂喜让他感到恐惧，使他不得不躲到柜子中躲避。

年轻的伊夫·圣·洛朗与迪奥等设计师的典雅设计有很大不同。他认为服装应该体现妇女的自然美，他的口号是"打倒丽池（上层妇女场所），街头万岁"。他的设计要使服装与大众的生活与街头的文化建立密切关联。他的设计颇有些冒犯传统，黑色皮夹克、高领毛衣、短裙，

是学生、摩托车手、摇滚乐手等年轻人的喜爱，是塞纳河左岸的青年知识分子喜欢的装扮。他还首开模特不戴胸罩以及透明时装（透视装）的先河，更清晰地展现女性曲线美，令优雅和性感达到平衡。

2. 艺术、结构、线条的大师

1965年，伊夫·圣·洛朗推出著名的"蒙德里安"系列连衣裙（图9-1），以荷兰风格派画家蒙德里安的抽象绘画作品为灵感来源，以现代艺术和时装相融合的成功创作而成为现代时装的典范。在以后的设计生涯中，他多次将毕加索、马蒂斯、沃霍尔、梵高等的艺术作品搬上时装。

在整个20世纪60年代，圣·洛朗推出一系列新的服装设计，其中还包括著名的长裤装、非洲民俗主题设计（图9-2）、半透明套装。最重要的还是以男式的无尾晚礼服为原型而设

图9-3 20世纪70年代伊夫·圣·洛朗作品。当时法国时装虽然秉承着一贯的原则，但新一代的设计师们还是在设计中融入许多新的灵感和元素。该作品中就有着明显的民俗倾向，能看到类似东欧游牧民族及蒙古等袍服的影子；色彩的几何镶拼有着现代构成艺术、抽象艺术的风格；而翎毛的装饰及田园背景又有着自然主义情调。

图9-4 1977年圣·洛朗作品。灵感源自中国清朝的旗袍、马褂。平面风格的结构简洁利落，卷草纹、吉祥纹等中国传统纹样具有较强装饰感，而长裤、高跟鞋等配套都可以看出现代的影子。浓重的色彩和简单的线条，最先让世界时尚界领略到中国特有的神秘和神韵。

图9-5（左上）1989年圣·洛朗高级女装作品。在质地优良、造型贴体优雅的毛呢套装上，装饰了美轮美奂的饰品和纹样。欧洲传统宫廷风格的佩兹利纹样，以水晶、织带等华丽高贵的饰品组成，精致的工艺，对比材质的搭配，展示了高级女装的高雅华丽的风采。

图9-6（右上）1995年圣·洛朗作品，灵感源自中国汉代华服装。宽大的袍式服装、平面的结构、流畅的褶皱以及自然舒适的系结腰带，都能让人感受到东方的内蕴。色彩采用中国传统的深蓝色，且色调单纯、统一，较具古典美。带穗饰的圆形挂链是设计亮点，使作品产生层次变化，并与传统装饰感的耳环形成视觉趣味中心。

图9-7（右下）20世纪90年代圣·洛朗作品。作品简洁、典雅而大气，上衣为黑色丝绒紧身外套；长裙呈自然线型，由对比强烈的鲜艳大色块组成，上下一紧一松、一黑一艳，富有对比美，上衣收腰后外散的衣摆，被长裙自然的衔接，线条流畅，极为优雅。长裙的纹样有着现代抽象绘画的影子，这是一种从艺术中吸收灵感的手法。

计的女性裤装礼服（吸烟装），是一个重大的突破，与夏奈尔有相似理念，寻找男装元素用于女装设计，为女性的服装探索新的可能性。在"吸烟装"出现之前，女装裤往往与女同性恋相联系，而此后女性穿长裤却成为巴黎的时髦，这一新设计让女性展示出特殊的气质。

在时装大众化的20世纪60年代，批量生产的成衣开始挑战过去量身定做的时装模式。1966年伊夫·圣·洛朗开设了第一家独立于高级女装之外的高级成衣专卖店，此后，时装界的设计观念发生翻天覆地的变化：除了高级时装，高级成衣的设计师也在缔造时尚，而且在时装界的地位举足轻重。时装业在发生大变化，几乎所有的时装设计师都要开设自己品牌的成衣店，并且成为主要销售手段。他每年要同时推出高级时装和高级成衣，承

图9-8（左）2001年春夏汤姆·福特设计的伊夫·圣·洛朗作品，塑造了精练强干又不失优雅魅力的女性形象。作品采用高雅的深蓝色调。贴体的裙装简洁利落；上装的纱质底布上缀饰着不规则的条带，具有丰富肌理感，并有透视装风格。宽大的腰带夸大了女性的力量，其上的图案又不乏装饰感。

图9-9（右）2002年春夏汤姆·福特设计的伊夫·圣·洛朗作品，取灵感于美洲草原，以豹纹外观表现女性的野性性感。采用丝绸印花面料，上衣宽松柔软，穿着方式随意而不羁，内衣外穿的设计手法强调了色情和性感。斜背包长长的皮带和服装的柔软形成对比效果，丰富了设计。

受超负荷的工作。

　　他的每次发布会都引起人们的高度重视。在晚装方面，他的设计比较重视怀旧感，并且也吸收当时流行的嬉皮士文化。他说：晚装是大众的、民俗的。他以大量的异国情调作为灵感来源，包括中国的（图9-3、图9-4）、秘鲁的、摩洛哥的和中非的文化，也包括贵族时期的威尼斯文化。1976年，他推出沙皇时期的俄罗斯风格系列，其中有明显的俄罗斯芭蕾舞服装风格。继而推出俄罗斯乡村系列，充满活泼生动感。1977年，他推出"中国"系列，以清朝服饰和建筑为基本设计元素，浓重的色彩和简单的线条，最先让世界时尚界领略了中国特有的神秘和神韵。1979年，圣·洛朗发表了"毕加索"系列，将迪奥的线条和现代艺术相结合，使作品优雅、时髦。

　　圣·洛朗的设计没有过于坚挺的外形或复杂的剪裁，而是精妙地使用恰当的线条，最大限度体现女性本身美。选用华丽精致的面料，用西风纱、缎织物和刺绣手法给予

图9-10 2004年秋冬汤姆·福特设计的告别伊夫·圣·洛朗作品，选择品牌曾风靡一时的中国题材，为他打造四年的圣·洛朗画上完美的句号。该作品款式实用，毛皮镶边、长筒靴带来游牧和骑士感觉。深灰色调和浅银灰纹样显得内敛，纹样采用中国传统的云纹、水纹等，并加以写意、抽象化，以新的西方式的手法诠释中国风格。

晚礼服和裙装柔软的美好感觉。巧妙运用各种对比强烈的色彩，给予作品新意。在圣·洛朗开创的不少招牌式设计中，大体都是围绕着艺术性、结构和线条三大主轴。

在20世纪80年代时，圣·洛朗开始考虑如何从迪奥之前的欧洲时装中找到发展的动机（图9-5）。20世纪90年代，他推出的新系列明显具有迪奥之前时装的典雅特征。当人们在舞台上寻找新鲜东西的时候，圣·洛朗却在考虑如何能够设计出可以持续发展的时装。1992年，他在巴黎歌剧院举办了圣洛朗时装设计30周年庆典。在此之后，他的设计逐步转向比较花哨、多装饰性的高级时装方向（图9-6、图9-7）。

3．21世纪的伊夫·圣·洛朗（汤姆·福特和派拉蒂时期）

在四十年左右的设计生涯中，奇才伊夫·圣·洛朗的设计理念渗透到时尚王国每一寸土壤，真实地改变了女性的生活。1998年，大师将

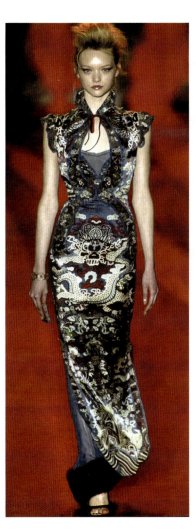

图9-11 （左）2004年秋冬汤姆·福特设计的告别伊夫·圣·洛朗作品。作品使用了较多的原汁原味的中国元素，旗袍式的领、襟等富有韵味；龙纹、云纹、十二章纹等中国传统元素纹被悉数用上，色彩华丽，极具装饰感。而贴身的曲线线型以及弹性面料的使用，又使中国风格多了几许西方式的创新。

图9-12 （中）2006年秋冬派拉蒂设计的伊夫·圣·洛朗作品，保持了品牌的经典高贵和优雅。作品结合女性化装扮和白领套装，大网状透视装和大蝴蝶结重新诠释了品牌经典符号。黑白配色优雅而富有情趣，黑色集中于前胸部，其余部位主要为白色，黑白夹花作为调节，呈现优美的比例。整体设计优雅而不失时尚感。

图9-13 （右）2007年秋冬派拉蒂设计的伊夫·圣·洛朗作品，撷取男装女用的品牌经典理念。内层连帽衫和外层宽大的裘皮衫款式简洁实用，搭配方便随意。膝上的长度富有现代感。真丝材料和裘皮都做了仿鳄鱼皮纹理的处理，既富新意又环保。色彩采用低调的灰色和褐色。整体符合品牌低调奢华的精神。

图9-14 2006年春夏派拉蒂设计的伊夫·圣·洛朗作品。将摩洛哥的异域风情和欧洲传统风格相结合。硕大的饰物、平面式的结构以及正装中透出的一丝大胆随意，都是非洲摩洛哥的感觉。而作品主体则是正统的法国巴洛克风格。巴洛克式的暗紫红色调，运用薄纱与褶皱纱形成色彩变化和肌理对比。褶皱领圈与裙摆大型的多层褶皱形成呼应，腰间的黑色缎带装饰丰富了整体变化。性感的透明纱连衣裙则可追溯到圣·洛朗的经典透视装风格。

图9-15 2007年春夏派拉蒂设计的伊夫·圣·洛朗作品。在紫罗兰铺设的T台上，花朵延伸至立体的服装，紫色、白色相间的立体花造型饱满而雅致，从颈部自然地斜向延伸到前胸，成为连裙装的上端。洁白的长裙拖曳而下，多层的镶紫边的裙摆随着模特的走动轻拂过地面，演绎诗一般的浪漫和温馨。

设计转交给埃尔巴兹（Alber Elbaz）。1999年，古奇集团收购圣·洛朗品牌。2000年，汤姆·福特接手创意总监工作。伊夫·圣·洛朗在2002年宣布退休。

同时主持着古奇和伊夫·圣·洛朗两个品牌设计工作的汤姆·福特认为，对于过去的圣·洛朗，既不能照搬，也不能脱离，重要的是继承其把握时代和女性变化的实践精神，和自己已经在古奇中的表现重合。在其作品中，经常出现圣·洛朗的经典元素，比如非洲等民俗动机，巴洛克法式风格，神秘、性感，郁金香造型，等等，并且将其与新世纪时尚精神相融合（图9-8~图9-11）。

2005年派拉蒂（Stefano Pilati）继任创意总监。新旧对照带来的压力在所难免。在圣·洛朗本人眼中，颠覆传统的前任舵手汤姆·福特不是"好孩子"，这一直是他们双方冲突的源头。派拉蒂仿佛是为了避免重蹈上一任的覆辙，他从品牌历史中撷取灵感，将他对大师的敬意化为富有想象力、符合一般大众的设计。他的作品比汤姆·福特少一分性感妖艳，却多了一分平易近人。他不断撷取新的灵感和创意，演绎品牌经典的华丽和优雅（图9-12~图9-16）。

4．新掌门艾迪·斯里曼(Hedi Slimane)

派拉蒂为伊夫·圣·洛朗品牌所做的设计受到过好评，并且取得了很好的销售业绩，但同时也得到很多的批评。首先他的设计风格并不一致，有时可能这季非常不错，下季就大失水准。伊夫·圣·洛朗品牌之前的老板曾多次公开称赞设计师艾迪·斯理曼的设计才华，这在某种程度上也体现出派拉

这样一个人很糟糕，不管是设计、摄影、电影或别的什么。我所做的就是要成为一个'业余选手'，这意味着目标更加明确，更有爱，同时也更具实验性。"这看起来有点叛逆的回答，但或许这正是人们期待的艾迪。想必艾迪也是希望自己去创造一个全新时代吧（图9-17）。

图9-16　2008年春夏派拉蒂设计的伊夫·圣·洛朗品牌作品，定位于成熟、知性的白领女郎。色彩采用文雅的浅灰、本白及浅灰黄色，小面积本白拉开色彩层次，避免色调模糊。未来感的五角星形金属项链和白色上衣的五角星形隐纹相映成趣，极简的外衣带来些许前卫感。

蒂的设计可能并未得到普遍的认可。

伊夫·圣·洛朗品牌在巴黎当地时间2012年3月7日正式发表声明，任命设计师艾迪·斯理曼为品牌的新任创意总监，接替离职的派拉蒂。艾迪当年因掌舵迪奥的男装Dior Homme而声名鹤立，大获成功。病态的纤瘦美成了当时极度流行的话题。在沉寂了几年之后，他重新回归时尚界并宣布入驻伊夫·圣·洛朗品牌创意总监一职，消息一经传出马上引爆了整个时尚界，让人们重新对伊夫·圣·洛朗品牌充满了期待。虽然艾迪在入主圣洛朗后引来了众多争论与负面评价，甚至也有人怀疑他的"非专业"身份。但他在入主的第一年就实现了业绩飘红。艾迪的态度则是"我从来没想过要成为什么东西的'专业人士'，成为

图9-17　2013年春夏伊夫·圣·洛朗品牌作品。些许繁缛的装饰细节，波西米亚风格的长裙加斗篷，透出高贵的吸血鬼般的摇滚范。模特戴着牛仔摇滚范的宽沿帽，遮挡住部分脸颊，带出黑夜的暗沉魅力，呈现出女性的神秘，将典雅与中性完美结合。

瓦伦蒂诺（Valentino）

1. 从寻梦巴黎到问鼎时装界

巴黎是世界时装的中心，时装起源于巴黎，世界大部分的成功设计师也是在那里发展起来的，巴黎是时装的一个摇篮，一个中心。所谓"高级服装（houte couture）"，在巴黎就是时装的代名词，法国人认为：外国人没有时装的观念和文化，没有资格进入时装设计。他们对此很自豪，也很警惕，随时防止外国势力进入他们处于垄断地位的时装界。20世纪50年代，随着经济的发展和时装意识的开始流行，有些外国的服装设计师开始企图挑战法国时装，其中最重要的一个就是意大利人瓦伦蒂诺（Valentino Garavani）。

瓦伦蒂诺1932年出生于意大利，自幼喜欢穿着整洁，对时装兴趣浓厚。17岁时，怀着时装梦想的他告别故土，到米兰学习了几个月的法文和时装画，一年后，奔向梦寐以求的时装之都巴黎。到巴黎后，他首先进入巴黎时装协会的职业学校学习。20世纪50年代的巴黎正是由迪奥统治时尚的年代，高雅的法国时装让年轻的瓦伦蒂诺大开眼界并激动不已，也激发了灵感。学习期间，他便获得国际羊毛局时装设计比赛大奖。19岁时他成为Jean Desses的助手，与之共事5年，积累了大量的设计实践经验。1957年，瓦伦蒂诺转入著名时装设计师Guy Laroche门下，不久成为其设计的主要协作者。这一阶段瓦伦蒂诺逐渐形成自己的高级时装设计理念。

1959年，踌躇满志的瓦伦蒂诺回到罗马，创办了高级女装店，并注册了瓦伦蒂诺商标。可是最初的情况并不乐观，生意不好，按合伙人的说法是"没有经验，没有组织，没有顾客"。次年，

年轻的Giammetti加盟公司，负责管理和市场推广，公司开始好转。1962年，瓦伦蒂诺在佛罗伦萨发布了秋冬系列作品，大获成功，买家尤其是美国买家纷纷下订单，瓦伦蒂诺的名字随之引起世界时装界的瞩目。他外形俊朗，设计成熟、典雅、高贵，尽显女士风韵，媒体称他为"时装界的金童子"。

图10-1　1989年瓦伦蒂诺礼服作品。外层袍服单纯的黑白配色，来自于现代风格的纹样，建筑风格的大气造型和精致细节，给人高雅的视觉感受。精美的颈饰在纹样色彩上和服装呼应。内层紧身黑色礼服裙成熟高雅而不乏性感。

不过，在这个阶段知道他设计的人还不是很多，而1967年的设计是他事业成功的转折点。该年瓦伦蒂诺在时装界投放了一颗"巨形炸弹"，以白色作为发布会作品的唯一色系，服装极具现代感，又充满青春气息。无领外套和短裙上，本白、乳白、米白等各种白色作了丰富的演绎，高雅、纯情的美在服装界掀起一股狂潮。瓦伦蒂诺因此获得尼曼·马库斯奖，确立了世界顶级时装设计师的地位。

1975年，他以一位受尊敬的设计大师登上巴黎时装舞台，他将意大利的精致和法国的奢华与浪漫完美结合，这种简洁优雅但又华贵的感觉是很少设计师所具有的，这使他大受欢迎。自此，他的作品频频亮相于巴黎和米兰。

2. 高贵优雅——贵族时尚的开拓者和守望者

尽管20世纪70年代末至80年代初，世界时装潮流动荡不安，各种思潮、流派冲击时装界，但瓦伦蒂诺始终坚守自己的品位，即高级时装的传统，华丽、优雅和女性化。他的服装精雕细琢，雍容华贵，保持着一种大都市和贵族化的气派，他自认为其美感来自于20世纪50年代好莱坞的印象。相信没有人否认，瓦伦蒂诺是世界时装史上公认的最重要的设计师和革新者之一，他所开创的贵族时尚是别人难以逾越的，而他的一举一动对时尚界都影响颇大。

20世纪80年代是瓦伦蒂诺演绎奢华的鼎盛时期。除了在精致面料上辅以刺绣和复杂的褶裥之外，他还尝试各种新的裁剪方法，追求各种细节变化。他对各种艺术手法广泛吸纳和借鉴，如中世纪雕塑、日本漆器、西班牙的金属镶嵌、美国的补缀布面等（图10-1）。

在高贵优雅的前提下，瓦伦蒂诺不断创新。进入20世纪90年代，瓦伦蒂诺的设计风格更加浪漫，同时，融入了新时代女性的现代气息。洒脱的苏格兰花呢，柔韧、帅气的小羊皮、小牛皮、麂皮，前卫的闪光化纤礼服等等，使他的服装增添几分时代气息（图10-2~10-5）。

瓦伦蒂诺擅长从世界各种文化及艺术品中汲

图10-2 1995年春夏瓦伦蒂诺高级成衣作品。制服式的套装显得整洁、利落和帅气，反映了瓦伦蒂诺自身的审美情趣。色彩为大师喜爱的黑、白色，黑、白条纹带来地中海式的浪漫。金属腰带，性感的设计，都给作品带来现代感。

图10-3 （右）1996年春夏瓦伦蒂诺高级成衣作品。在典雅华丽的总体风格下，回归60年代，并融合新的时尚。60年代式的简洁、轻松套装，肩部有80年代宽肩的些许留存，中式的纽扣以半襟密集排列，富有韵味。连衣裙上贴补工艺的几何花卉纹样是瓦伦蒂诺的经典手法。

图10-5（左上）1998年瓦伦蒂诺婚礼服作品。作品展示了大师高超的剪裁技巧，秉承朴素和简洁，他设计了款式简洁的套装，象牙白的单纯色彩显得典雅高贵。短上衣领子采用白色毛皮，其余边缘部分以及裙子腰部都采用了编结刺绣工艺做出的格栅状装饰，极具装饰感，边饰的直线形态和内层上衣弧形的领襟形成对比和谐配搭。闪光的金属手链和耳环则增添豪华感。

图10-6（右上）2003年秋冬瓦伦蒂诺作品。昏暗的俱乐部灯光，哀怨的背景音乐，赋予发布会一种难以言表的低迷情调，而模特展示的作品则是无可挑剔的精彩。该作品剪裁简约、贴体，视觉中传达着优雅、高贵和性感，高腰的上身部分两侧以细密精致的皱褶与裙子形成质感变化，而前胸主要部位采用了透明材质，其上缀饰了精美的人造宝石物。服装结构线采用弧线，强调了女性化色彩。

图10-4（右）瓦伦蒂诺作品。统一的灰褐色调显得含蓄高雅，材质上采用丝绸和网状蕾丝配搭，富有肌理变化，其单肩款式以及非对称的镶拼形式，避免了单调和乏味，后肩部位披泻而下的丝绸随风飘动，更增添动态美。毛羽状的头饰带来浪漫感觉，整体设计优雅、柔美，极具女性化风格。

图10-7（左下）2004年秋冬瓦伦蒂诺高级成衣作品。奢华高雅中加入混搭手法和中性风貌，上装以白色蕾丝夹花裘皮制成的外套，下装为白色毛呢镶饰衬衫搭配黑色领带，外配鳄鱼皮包和黑色皮条的白色中裙，异材质混搭营造的中性和干练风貌给品牌带来时尚新意，使普通的套装变得生动。

取养分，用于设计作品，如他所说："我喜欢许多艺术家。我认为我的作品受到了许多艺术家的影响，但并不是受到某件具体艺术品的影响。"同样，俄罗斯的建筑、阿拉伯的闺阁、中国的瓷器都可以恰到好处地融汇在他的设计中。在他的作品和他吸收的艺术样式之间，我们并不能一眼看出它们表面的相似，只有深入品味才能感到两者间的"神似"。

喜爱瓦伦蒂诺时装的人都不会忘记一种颜色，那就是红色。瓦伦蒂诺用色颇有个性，尤其对浓艳纯正的大红色情有独钟。曾有一次他在巴塞罗那看歌剧，舞台上一色的红色戏装让他惊叹，红色深深地印在他的脑海中。他曾说："我意识到除了白色、黑色，没有比红色更好的色彩了。"在相当部分的设计作品中，他用了纯正、浓烈、高贵的红色，将红色用到极致，也因此有"瓦伦蒂诺红"之称法（图10-8）。

和他的贵族气的设计相协调，在用料方面，瓦伦蒂诺偏爱柔软华贵的优质面料，如丝绸、开司米、天鹅绒等。他甚至认为料子越贵就越好，

图10-8 瓦伦蒂诺高级时装作品。"V+红色"成为罗马的优雅象征。瓦伦蒂诺所使用的红色纯正、浓烈、高贵，他将红色用到极致，也因此有"瓦伦蒂诺红"之称法。该红色丝绸长裙礼服作品选材合身，线型自然优雅，蝴蝶结、长波浪褶皱等设计元素极具女性化特质。现代感极强的闪光珠饰小提包，其黑色搭配使红色更美艳。

图10-9 2005年秋冬瓦伦蒂诺高级时装作品。紧身宽大的裙摆，豪华的弓形丝缎礼服，成为瓦伦蒂诺独有的风格。在该作品中，采用了永恒优雅的黑白配色，豪华高贵以一种低调的氛围表达。简介的线型、宽大的饰条，显现出一种顶级时尚的大气，同时，横向的白色和纵向的黑色形成视觉变化。白色水晶刺绣纹样添添些许精致华美。作品奢华中透出古老的中国风情。

他就曾把昂贵的蟒蛇皮、麂皮等重叠结合用到设计中。他对动物毛皮纹样有特殊的钟爱，他的许多设计就是以材质再现动物的天然纹理之美，比如以黑色、白色条纹状材质在打褶的透明薄纱上形成类似斑马的纹理；用浅肉色薄纱配以金色、棕色金属亮片，做成豹子斑纹等。这些动物毛皮风格也是他高贵女装设计的一个特征。

到了21世纪，年届七旬的瓦伦蒂诺依然保持旺盛的创作激情和多样的设计灵感，在保持传统华贵、优雅的基础上，融入了更多的艺术和民俗的流行元素，也更多地关注新的时尚元素。瓦伦蒂诺从来都不是前卫流行的引导者和开创者，他始终遵循人类对服饰审美的根本追求，他的设计和品牌始终代表了

图10-10　2006年春夏瓦伦蒂诺高级成衣作品。以品牌惯用白色结合丝绸，合体剪裁衬出模特的玲珑曲线。上装采用了镂空和编结手法，心形纹样增添变化和情趣。前腰臀中部放置了硕大的蝴蝶结，成为结构的一部分，巧妙过渡上、下装，是设计的一个亮点。

图10-11（左）
2006年春夏瓦伦蒂诺礼服作品。采用了设计师所喜爱的中国元素，平面直身的剪裁、中国民俗风的腰带和中国结，充满东方情调。白色结合丝绸，合体剪裁衬出模特的玲珑曲线。褶皱工艺的披肩，设计巧妙，工艺精良，充满立体浮雕感和温情感，并且使同一粉红色产生肌理变化，丰富了设计。

图10-12（右）
2006年秋冬瓦伦蒂诺高级时装作品，具有鲜明的中国情调。织锦缎和裘皮自然显出贵气，中国传统风韵的花卉纹样用了大师钟爱的红色。作品轮廓造型为一个修长的瓷瓶，高腰设计和的裙身优美曲线将表现出女性的婉约。超短贝壳式外衣增加了层次感。

图10-13 2007年秋冬瓦伦蒂诺高级时装作品，采用招牌式的"瓦伦蒂诺红"，大面积红色丝绸营造简约的奢华。高腰礼服裙长拖地，宽大外散的裙摆和纤细腰身形成对比。拉毛披肩和丝绸形成肌理对比变化，其超短比例和裙身的长更衬托出模特的修长身材及高贵优雅气质。

图10-14 2008年春夏瓦伦蒂诺高级成衣作品。似乎是大师告别回顾的表现，低调、精致、典雅而高贵，既不缺少时代的造型精神，也具有浓厚的经典元素。白色无领短外套是大师的经典之作，在该款中采用舒适的直腰身，七分袖，衣身、袖子上有多个充满趣味的圆底贴袋。内层为蕾丝连衣裙，纹样精致，低领、短裙和蕾丝材料都极富女性化，显出典雅、内敛的性感魅力。连衣裙的腰臀部位采用小珠片色彩混合渐变设计，给设计带来变化感。

一种高贵和优雅（图10-6~图10-15）。

到了2008年，瓦伦蒂诺在春夏发布会后，在他所认为的最好时间里退隐。这一著名品牌的设计接力棒传到了35岁意大利女设计师法基内蒂（Alessandra Fecchinetti）的手上。

法基内蒂身材修长，举止高雅，被人描述为一个完美主义者。瓦伦蒂诺集团认为她的设计风格高雅、注意细节，并且又是意大利人，所以相信她能够很好地延续瓦伦蒂诺的风格，这也是她能从数位候选人中脱颖而出的重要原因，法基内蒂在著名品牌古奇的设计经历也为自己增添了不少砝码。她的设计继承了瓦伦蒂诺的许多传统元素，如贴身的剪裁和细节的搭配，同时在设计中也注入了一些更为女性化的元素，让瓦伦蒂诺品牌增添新的活力（图10-16）。

2009年，Valentino品牌的设计则由Maria Grazia Chiuri和Pierpaolo Piccioli两位设计师接任，他们也一直致力于为品牌注入创新性的设计理念（图10-17）。

图10-15 （左）2008年春夏瓦伦蒂诺高级时装作品，大师给女性送上华美又有富内涵的礼服。圆肩、宽大的外衣，白底、红色纹样的大朵鲜艳花卉，都是招牌元素。高腰蝴蝶结腰带拉长身材比例，桶形短裙带来年轻感。三角形的大褶裥具有建筑风格肌理。配色上，紫红、粉红、大红等丰富的红色调加上丝绸材质，大气而豪华。

图10-16 （右）2008年秋冬法基内蒂的瓦伦蒂诺高级成衣作品，牢牢把握经典的瓦伦蒂诺路线，尽显成熟优雅的女性魅力。黑、白中性色显出从容的大家风范。白色连衣裙以褶皱和荷叶边为主要设计元素，领子和裙摆的荷叶边上下呼应。低腰节充分说明模特对身材的自信。黑色缎带使重心偏高，大气而高雅。

图10-17 2015年春夏瓦伦蒂诺品牌作品。修道院形式的、贵族气势的端庄与整洁的风格一直都在被应用着。作品创意源于度假，把20世纪60年代的宽松直筒连衣裙与有趣的色彩做搭配，这足够吸引眼球并且也很好和其他服饰搭配。此外，蝴蝶伪装时形成的特殊花纹与刺绣显得非常漂亮。

柏帛丽（**Burberry**）

1. 英伦风情的风衣传奇

提起柏帛丽（Burberry），我们首先会想到它经典的风衣和鲜明的格纹。在20世纪后期老品牌重生的浪潮中，它也是一个成功的代表。而它的历史，我们可以追溯到150年前。

品牌创始人托马斯·柏帛丽（Thomas Burberry）从小便在布店当学徒，喜欢研究服装面料的穿着性能。1856年，21岁的托马斯在英国汉普郡开设了一家成衣店。1879年，他从牧羊人和农夫的罩衫上获得启发，研制出一种防水、挡风又透气的斜纹面料——轧别丁（Gabardine），并将这种面料运用于雨衣、猎装、外套等户外装上，因十分适用于英国细雨浓雾的天气而深受欢迎（图11-1、图11-2）。

第一次世界大战时，托马斯为英国军方设计制服，他设计出双排扣、肩盖、背部有保暖厚片、腰际附上D形金属腰带环以便收放弹药和军刀的军用大衣。战后，这款风衣家喻户晓，成为柏帛丽的经典风格。这时期，也产生了体现柏帛

图11-1（左）19世纪末20世纪初柏帛丽的户外装作品。包括猎装、骑马装、滑雪服等。柏帛丽几乎为所有户外运动生产专门的服装，在人们的户外服饰中占为主流。在20世纪初汽车出现后，柏帛丽推出驾驶汽车穿着的女装，这使得它以具有功能性的服装而更负盛名。

图11-2（右）1920年柏帛丽的女式风雨衣作品。采用防水、防风且透气的轧别丁面料。一战后的样式融入军服风格，更为简洁实用，且保留了英式传统风格。模特将领子高高竖起，表达了其较强的功能性。当时，格纹作为里子布纹样，具有优雅高贵内涵。

图11-3 图为Henphrey Bogart在影片《北非谍影》中的着装。要想迅速地了解柏帛丽形象，最好先从好莱坞电影中窥探一番。最早也是最成功的例子是Henphrey Bogart在影片《北非谍影》中的着装；奥黛丽·赫本在《蒂凡尼早餐》中的柏帛丽避雨装，这种服装也常常与间谍同日而语，间谍片中总少不了它的身影。

图11-4 图为只在日本销售的柏帛丽蓝标女装。到了20世纪80年代，日本人开始狂热追捧柏帛丽，柏帛丽管理层把品牌的特许生产权交给日本三井贸易集团。到了90年代，日本的销售量占到了总销售额的75%左右。

丽"运动的自由"哲学的标志——"跃马骑士"图标。

20世纪最初的10年里，柏帛丽开始跨出国门，在巴黎、纽约等地扩张市场。1911年,发生了一件轰动全球的事情，挪威探险家阿蒙森成功成为第一个抵达南极点的人，他的装备就是柏帛丽户外用品和服饰。之后，爱尔兰人沙克尔顿横穿南极大陆的探险队用的也是柏帛丽的户外产品。柏帛丽产品能抵御恶劣的气候环境，并形成良好的人体环境，这个事件让品牌声名远扬。

1924年，柏帛丽注册了另一个著名标志：由黑、白、红、浅棕四色组成的三粗一细交叉图案。该纹样当时被用于风衣内衬，后来几乎成了柏帛丽的代名词。1926年，托马斯故去后，品牌的设计由公司设计团队承担。托马斯曾说："柏帛丽的衣饰是与大自然融合的。自由的感觉从服装中一点点地渗透出来，但衣服的外形和格调从来不会变怪、离谱。"后续的设计师们遵守着这一哲学，继续把品牌发扬光大。

凭着传统、精谨的设计风格和产品制作，柏帛

丽在1955年获得伊丽莎白女王的"皇家御用保证"徽章。之后在1989年，又获得威尔士亲王授予的"皇家御用保证"徽章。1967年，柏帛丽开始把它著名的格子图案用在了雨伞、箱包和围巾上，愈加彰显了柏帛丽产品的特征。在好莱坞电影中柏帛丽也风光无限（图11-3）。

2. 品牌的"老掉牙"危机和重新崛起

柏帛丽虽然曾经有过辉煌的历史，但20世纪50年代、60年代诞生的许多法国和意大利高级时装品牌很快迎头赶上，故步自封的柏帛丽却退缩于成熟男性风雨衣市场，从此成为"只有老男人才穿的老掉牙的品牌"。另一方面，从20世纪60年代开始，后现代思潮狂刮时装界，反时装、颠覆传统以及折中主义等时装观念沉重打击了曾经的名牌。到了20世纪80年代，柏帛丽把品牌特许生产权交给日本三井贸易集团。到了90年代，日本的销量占到总销售额的75%左右，当时的柏帛丽几乎变成了一个亚洲品牌（图11-4）。亚洲金融危机给了柏帛丽致命的一击，1996年到1997

年前后，业界盛传Gucci和Prada集团都想低价收购它。

20世纪后期，时尚界吹起品牌新生的大趋势，许多老品牌比如夏奈尔、迪奥、纪梵希等，改变了企业理念、设计理念，在保留品牌精髓的前提下，以全新的品牌形象抓住时代脉搏，都有了翻天覆地的变化。柏帛丽也开始在大环境下寻求突破（图11-5）。

1997年，业界颇负盛名的女强人布拉沃（Rose Marie Bravo）出任柏帛丽首席执行官。当时布拉沃看到的柏帛丽是位于伦敦一个狭小街道的老旧的风雨衣工厂，毫无现代化的管理经营理念。布拉沃上任后就开始着手对柏帛丽进行大刀阔斧的改革，不过她意识到柏帛丽最大的品牌资产就是它经典的英伦风格，这也将是柏帛丽能从众多精品名牌中脱颖而出的重要武器，所以，既要扩展市场和跟上时代步伐，也不能丢掉品牌的精髓。

纵观柏帛丽一路走来，过于的男性化已经不符合当下时尚领域的需求。于是，女装设计成了重中之重。在布拉沃入主柏帛丽后，决定改革、优化设计队伍。最开始的功臣就是1998年被聘为设计总监的美籍设计师麦尼切迪（Roberto Menichetti）。

图11-5 （左上）1996年柏帛丽女装。秉承了品牌一贯的英伦高雅传统作风，款式中规中矩，宽松舒适。色彩同样中规中矩，采用大面积的深蓝色，领子翻开处露出格纹里子，稍提亮色调。作品高雅大方，对年轻人而言，稍显保守，这也似乎吹响改革的前奏。

图11-6 （左下）2000年秋冬麦尼切迪设计的柏帛丽女装作品，麦尼切迪保留了品牌的格纹、风衣等精髓，并大胆地将其年轻化，超短裙、长筒皮靴以及富有个性的强烈色彩对比，使柏帛丽走入新时代。其舒适而时尚的面料外观显示了设计者在面料方面的深厚功底。

图11-7 （右下） 2003年春夏克里斯多夫设计的柏帛丽作品。作品衔接了传统的和现代的、经典的和最新的，哥特气质的女模特反叛了曾经的上流社会。经典的格纹混合了街头的、运动的元素，天蓝色、绿色、浅黄以及条纹、格纹等色彩、纹样和随意不羁的、凌乱的穿着方式，显出年轻的活力。

图11-8 （左上）2004年春夏克里斯多夫设计的柏帛丽作品。风格中性、硬朗的风衣，以白色为底，饰以随意成形的墨点，该作品是克里斯多夫为柏帛丽家族增添的新的标志性设计——墨点系列，其视觉效果轻松活跃，带来全新的品牌形象。富有生机的绿色针织上衣配搭超短裤，增添年轻活力感。

图11-9 （右） 2006年春夏克里斯多夫设计的柏帛丽作品。经典格纹以立体穿插效果的丝绸印染来诠释，富有新意和情趣。闪光面料制成的风衣给经典品牌带来时代感，其深蓝紫色带着一丝神秘感。而浅黄绿色大开领针织上衣和亮金黄色缎质腰带及结饰，给作品带来亮色和年轻活跃感。

图11-10 （下） 2006年秋冬克里斯多夫设计的柏帛丽作品。作品简洁而不单调，圆领短袖短上衣配搭及膝裙，展现年轻白领的利落感和都市的节奏，而胸部下面的缎带和蝴蝶结设计，面积虽小，却增加了女性化的装饰，不但丰富了色彩节奏，还使作品具有设计感。同时，上衣表面的白色亮片，也使作品充满年轻活力和富有装饰意味。色彩上采用橙色调，深浅色穿插变化，富有节奏。

重整柏帛丽的麦切尼迪遇到两个难题：第一是要重新设计柏帛丽传统风衣，让品牌更加年轻化；第二则是要扩大柏帛丽新形象的消费市场，从年轻人流行消费到中年女士的英式传统衣着都要兼顾。麦切尼迪的创作宗旨是汲取柏帛丽传统服装中的精髓以求更好地发展新一代产品，并拓展服装、服饰品种。

麦切尼迪对织物的鉴别有着独特的天赋。不同于其他设计师，他从原材料开始，希望将自己的风格注入到纤维、纱线、纺织、印染的方式中去。他在驾驭柏帛丽传统条纹与红、黑、白和绿色的格子图案方面赢得了喝彩，他淡化模糊了这些色调，时而将它们加深成黑色和蓝色。他重塑柏帛丽的经典格子，印花粗格子、细格子、粉色系格子等各式新颖的格子印花，加上柔软舒适的布料，让柏帛丽成功地转向年轻化风格品牌（图11-6）。

但是麦切尼迪很快就因个人发展原因离开了柏帛丽。于是，在2001年，年仅30岁的英国本土设计师克里斯多夫（Christopher Bailey）被委以重任。年轻的克里斯多夫之前曾效力于Donna Karan的女装部，也曾在汤姆·福特的手下当了古奇五六年的女装设计师。吸收

图11-11（左）2006年秋冬克里斯多夫设计的柏帛丽作品。浅色的风衣和俏皮的白色针织帽子给秋冬带来活跃色彩。将裘皮配搭上风衣，是对品牌设计形式的一个拓宽。双排扣、大兜盖、宽皮带等来自军服风格的设计让柏帛丽女性英姿飒爽。

图11-12（右）2007年秋冬克里斯多夫设计的柏帛丽作品。采用统一的黑色调，包含了凹凸肌理的柔软混纺面料、针织、厚重的毛呢、皮革等对比材质，酷帅的军装与骑士风中性款式加上重量感的黑色，塑造硬朗刚毅的女性。风衣敞开、外系皮带的穿着方式带来新创意。

了两位大师级前辈经验的克里斯朵夫，加入柏帛丽后才是他最能发光发热的时刻。克里斯多夫在公司可算是"全能型选手"，从广告到橱窗，以及专卖店设计、货品陈列，他几乎什么都管，给品牌带来时尚气息和活力。接下大任后，除保留了柏帛丽一贯悠久的历史和传统外，他赋予品牌极为时髦的崭新形象，让品牌脱胎换骨。

　　克里斯多夫让设计变得简单——既要好看又要好卖，美感和实用并重。他认为对柏帛丽而言，不应该是娇贵的，而应充分展现含蓄、带着历史感、引领技术革命的精神。正因如此，重生的柏帛丽才不会让人觉得高不可攀。他为柏帛丽家族增添了新的标志性设计——墨点系列。他设计的灵感源自柏帛丽经典风衣的新式披肩也让人眼前一亮。他源源不断的创造力让柏帛丽的每一季设计都能与众不同。

　　克里斯多夫认为："时尚曾经过于性感、奢华，过于冰冷，是时候将它淡化"。这种理

图11-13 2008年秋冬克里斯多夫设计的柏帛丽作品。作品灵感来源于英国画家L.S.Lowryd的作品，Lowryd以表现现代城市生活和工业风景而著称，"在他的作品中，女士们都穿戴着有趣的帽子和外套"。经典的军服式风衣被设计以闪亮的暗金黄色调，衣摆两侧做有趣的弧线分割镶拼。长长的围巾具有层褶的丰富肌理感和多色效果，给作品带来变化感。大金属针串成的项链富有质感和个性，作品整体给人年轻可爱又不失奢华高贵的情调。

图11-14 （左）2008年春夏克里斯多夫设计的柏帛丽作品，带来较新的年轻柏帛丽女性形象。将女性化的纱和刚硬的伦敦重金属摇滚风格进行混合，蓝色的纱质面料全部作皱褶处理，上身肩胸部作多层次设计。另有摇滚风格的金属腰带、手镯和靴子等，模特仿佛从维多利亚时代闯入前卫现代。

图11-15 （右）2008年秋冬克里斯多夫设计的柏帛丽作品。灵感来源于英国画家L.S.Lowryd的作品，Lowryd以表现现代城市生活和工业风景而著称。作品采用黑色和秋天意象的金黄色进行配搭，细密的层叠的立体褶皱使两色自然融混，显得优雅而不乏活力。大金属针串成的项链服装的柔软形成对比美。

念被称为"新性感"，其实是一种调化剂，把性感拉回到暴露于拘谨的中间状态，从而创造出一种全新的愉悦时尚态度。他把华丽、贵族、清新等各种互不相干的元素完美地融合在一起。并且在服装设计过程中，他巧妙地融合了艺术元素，让整个设计既简单又富有内涵。在克里斯多夫的引领下，典雅而时尚的品牌面貌日益深入人心（图11-7~图11-15）。

图11-16 2014年秋冬Burberry品牌作品。作品给人深刻印象：模特穿着薄薄的彩绘作品，成为了艺术家们脑海中经典的缪斯女神形象，就好像在你的面前缓缓起身，随意地将一件羊绒毯或者一件马海毛大衣披上身，然后走到院子里散步。为了多一些必要的得体感，克里斯多夫选择用绉纱制成了非常庄重的裙装：腰线高，衣身褶，裙身长。

古奇（**Gucci**）

1. 高处不胜寒——从巅峰品牌到破产边缘

提起意大利时装，人们立即就会想到古奇这个品牌，古奇已经成了意大利时尚的象征。这个有着近百年历史的老品牌，经历了盛衰交替的传奇经历，重新成功屹立于顶尖时装品牌之列。

1881年品牌创始人古奇（Guccio Gucci）出生于意大利佛罗伦萨，因家境贫困，他于1898年到伦敦的Ritz世界顶级酒店谋生，先后当过洗碗工、电梯工和餐厅服务员。在这段时间里，他有机会看见进出酒店的王公贵族、名流巨富，上流社会人士的气度、服饰和精致华美的箱包，给他留下深刻印象，也为他日后的品位奠定了基础。

1906年，古奇返回佛罗伦萨进入皮革公

图12-1 20世纪90年代汤姆·福特设计的古奇作品，是福特新古奇女性形象的代表力作。内层为衬衫长裤套装，造型简洁、贴体，具有男性化款式特征及中性化倾向，敞开的前襟流露出帅气和冷艳性感。极简的纤细镀金腰带具有现代感。豪华的裘皮外衣延续了皮革起家的老牌风采。

图12-2 1999年秋冬汤姆·福特设计的古奇作品。其视线投向品牌的老传统——皮革，但无意遵从老套设计。紧身的黑色皮革短上衣，性感神秘的冷紫色丝绒裙子，腰部设计以类似马衔环的皮绳腰头，露脐，典型的酷帅性感新摩登形象，混搭的皮草带来奢华感。

图12-3 （左） 1998年秋冬汤姆·福特的古奇作品。作品采用黑色与灰色相配搭，显得成熟、中性;造型利落、简练，款式宽松大气，女强人的风度毕露无遗。内层上衣腰部设计了一根细细的腰带，和宽裤腰带形成有趣的对比，这种手法更强调了机能性。

图12-4 （右） 1999年春夏汤姆·福特的古奇作品，简洁、中性，并且不失精致装饰。裤子的设计是个重点，汇聚了拉斯维加斯闪光的人造钻石、印度风格的刺绣以及嬉皮风格的条纹边饰等，极具民俗感。T恤和裤子简繁相调和，利落不拖沓的长度，适度的露脐，都是看似不经意实则功力精到的设计。

图12-5 （下） 2000年春夏汤姆·福特的古奇作品。黑人模特的使用，本身就呈现了一种反叛感。色彩采用中性的灰黑色，款式上具有当时流行的内衣外穿风格，贴身柔软的网状面料和细系带的使用，都强调了性感。金属链的小包和裤腰处随意翻卷的黑色细皮带，又使作品仍不失一份男性化的酷帅。

司工作，学习有关皮革的知识和制作皮件的技术。1922年，他开设了一家专门生产出售皮革制品的店铺，古奇的金色"双G"标志是世界上最先采用设计师签名的设计方式，很快成了优质皮具的象征。1937年，古奇扩展业务，开设多处分店并成立公司，推出以古典画像和马衔为特征的产品。二战后，古奇的帆布箱包上，又出现了两边绿中间红的条纹图案，和原先的双G一起成为独特醒目的标志。之后，古奇又以麻和竹子为原料制作箱包，这成为品牌发展的又一里程碑，它们成为古奇经典的特征，一直畅销不衰。

1953年，古奇去世。他的几个儿子继续扩大经营，到20世纪60年代，古奇已迈上国际化征途。好莱坞明星以及一些名流对古奇的青睐，更使它的人气直升。而到20世纪70年代，古奇更是成为身份和财富的象征。在整个发展过程中，古奇从未放弃过手工的制作，娴熟技术、严格要求诞生出高品质产品。产品线也从箱包皮具扩展到丝巾、领带、眼镜等。古奇站在了创业以来的成功巅峰。

古奇超高的知名度和多样的产品，使得廉价的假古奇产品充斥黑市，大大影响了其身份财富象征的名牌形象。为了挽回这种不利局面，引发了古奇家族关于经营策略和方向等方面的重大分歧。加上第三代人的遗产争夺愈演愈烈，一连串的家族内讧使得古奇一落千丈，在20世纪80年代更是跌入谷底。另一方面，到20世纪80年代末由于设计思想陈旧，产品不能推陈出新，仅仅维持传统设计，这也给古奇带来危机。1989年，美国投资公司INVEST CORP.买下古奇一半的股份，公司由家族第三代的Maurizio继续管理，但情形仍然不好。1993年，INVEST CORP.拥有古奇全部的股份，古奇家族自此和品牌毫无瓜葛。

2. 酷帅性感新摩登——浴火重生的古奇（汤姆·福特时期）

从光辉灿烂滑落到黑暗时期，古奇这个经典品牌如何从废墟中站起？在这个时期，美国设计师汤姆·福特（Tom Ford）站到了品牌的历史舞台。汤姆·福特1962年出生于美国，大学时学习艺术史和建筑，毕业后转向服装设计，曾在名师手下学艺。1990年，汤姆·福特进入古奇公司任女装设计师，1994年任设计总监。

汤姆·福特对古奇进行了大胆改革和创新。他改变古奇原有的市场定位，将经典与现代相糅合，既保留了马衔链、三色标志等古奇经典设计元素，又创造新的风格。他打破保守女性形象，增加大量性感元素，并融入中性风格，体现在纯色彩和简约的设计上，让女性的魅力直接通过廓形展现出来。福特采用20世纪50年代经典元素，以20世纪90年代的酷帅精神重新诠释，廓形更强调人体，强调廓形的简洁，采取贴身剪裁，用纯

图12-6　2001年秋冬汤姆·福特设计的古奇作品。作品中可以看出明显的折中混搭手法。上衣采用柔媚的粉色纱质面料，装饰以丰富的褶皱、小荷叶边等，具有洛丽塔娃娃装的味道；而紧身的裤子就完全是古奇女性典型的酷帅特征，线条简练、色彩灰暗，尤其是大大的不协调的拉链，强调了机能性和非女性化。

图12-7　2002年秋冬汤姆·福特设计的古奇作品。该作品体现了典型的新古奇女性风格，野性性感加上中性的酷帅。色彩采用酷帅的黑色调，被融混以多种材质：粗棒针织、皮草、缎带，肌理丰富，材质配搭种类上也颇有突破常规的新意。深度敞开的中性化的领口露出大片胸部皮肤，是福特的招牌式设计，十字架项链给该片空白增色，其神圣含义与野性性感混合，是对宗教艺术的新诠释，并无亵渎之意。

粹的单色和细节处理，创造出雪白衬衫、时髦裤子等古奇特有的性感形象。同时大量采用一些高科技面料和天鹅绒、真丝等高档面料。金属色的皮带和白色束身内衣，更有现代个性。古奇的新风格被称为新摩登主义。福特的设计让古奇的面貌焕然一新，使其走到前所未有的高峰（图12-1~图12-9）。

用汤姆·福特的话说，古奇就像是索菲亚·罗兰(一个性格鲜明而性感的意大利女性)。Gucci女性是摇摆舞明星，坐现代感十足的法拉利跑车，并且具有洛杉矶的氛围。古奇让女性的着装既有力量感又富性感，让人着迷又不可小看，只有最现代的时装才能做到这样。

汤姆·福特是个一手掌权的工作狂，古奇的服装、配件、鞋款都由他主导，连广告策略也插手干预。1999年古奇渐上轨道后，福特开始了策略性联盟计划，将古奇由独立品牌发展成多元化品牌集团，依次收购了一些有名品牌，自己兼任被收购的圣·洛朗的设计师。但是渐渐地，他手下的圣·洛朗与古奇发展愈来愈相似，外界褒贬不一，成为他和集团的分歧开端，加上强势的个人主义，终于使福特不与古奇续约，并于2004年离开古奇。

3. 新掌门的精彩（贾尼尼时期）

让古奇起死回生的汤姆·福特离开后，2005年接手女装的Alessandra Facchinetti承袭福特的优雅，舍弃过度的性感，让设计趋于保守。之后，因无惊人之作又压力过大，很快请辞。从2006年开始，女装设计由原来的配件总监贾尼尼（Frida Giannini）操刀。

女设计师贾尼尼于1972年出生于罗马，1997

图12-8 2000年秋冬汤姆·福特设计的古奇作品。柔软的薄型弹性面料，表面装饰以金色小亮片，女性化的领饰飘带、抽碎褶的袖口和衣摆，尽显优雅奢华风貌。装饰着马衔链的皮包，则是古奇的经典语言。此外，简练的线形，几何形的纹样，以及模特干练的形象增添些许酷帅。

图12-9 2004年春夏汤姆·福特设计的古奇作品。抢眼的金黄色调尽显大牌的奢华，而皮草、丝绸和金色金属等材质也烘托了这种奢华风情。贴体的连衣裙，前身部分装饰以金色金属环，在鱼形的外形中密集排列，呈鱼鳞状，使作品既前卫又性感。皮草外套采用较短的衣长，稍显年轻而轻盈，抵消它本身的厚重感。

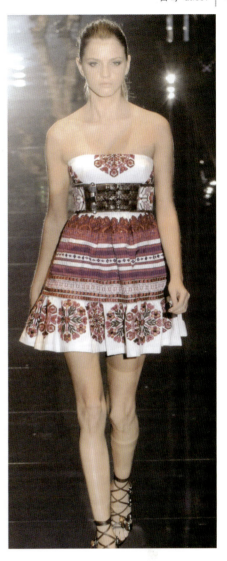

图12-10（左）2006年春夏贾尼尼设计的古奇作品，一改之前品牌惯有的侵略性的性感，将女性化、喜悦和自信融入设计，显得年轻，充满活力，增添平易近人的优雅。绚烂的花卉印花最为突出，公主袖、荷叶边等装饰元素被恰当地控制，线形上仍体现汤姆·福特的中性路线。男性化的大短裤、宽宽的黑皮带，体现自信和坦率魅力。

图12-11（中）2006年秋冬贾尼尼设计的古奇作品。运用时代的女性身体深处的传统观念，对古奇的性感作新的诠释。中性化的合体套装以金黄色表现高贵，深开领，高腰线，在视觉上突显修长。条纹丝巾和金属项链以软硬对比搭配，是视觉中心。前卫性感被低调地表现，塑造了新时代女性的干练和魅力。

图12-12（右）2007年春夏贾尼尼设计的古奇作品。娃娃装的造型带来年轻活跃的古奇女性形象，东欧民俗印花以浅亮艳丽的色彩呈现跳跃感视觉。而高腰的超宽腰带是设计亮点，皮革和金属的结合及其简练的造型是古奇的看家本领，给作品带来70年代伦敦的摇滚风情，使古奇少女装柔而不弱。严密的穿着，烘托了中性风潮。

年毕业于意大利第一时尚学府——罗马设计学院。毕业后进入Fendi时装公司，开始做成衣设计工作，之后设计配件，使Fendi的女式包等配件引人注目。2002年，在汤姆·福特的邀请下，她进入古奇的配件团队中效力，2004年升为配件设计总监。自从来到古奇，她为这个品牌掀起了一波又一波的手袋狂潮。古奇深厚的传统是她灵感的来源，她的成功因素之一正是对古典的

古奇图案和造型的重构，尤其是马蹄形标志，她不仅让它变成了彩色蛇纹的变体书写形式，并且把它印得那么大，让人不注意都不行。2005年3月，古奇公司宣布贾尼尼为女装设计总监，同时兼管配饰产品线。

贾尼尼认为："十年前汤姆·福特创造了一个无敌的神话，但他的个人风格越来越难以同古奇相结合。我现在的目的之一就是要让这个品牌

　　图12-13（左上）2007年秋冬贾尼尼设计的古奇作品，定位于厚重硬朗风格的回归。黑色超宽皮带、黑色裘皮上装、大块的暗金色金属饰品，给人反传统的厚重感和视觉冲击。而黑白花格裙装和裘皮加入了些许20世纪40年代的优雅风情。双排扣裙子样式以及整装。

　　图12-14（右上）2008年春夏贾尼尼设计的古奇作品。酷帅的形象比起福特时期多了份女性化。标志性的皮夹克加入军装风格和超短设计，马衔链风格皮带、极简的皮凉鞋和上衣相呼应。新的贾尼尼裤子，臀部空间增多，胯部更松垮，而腿部更紧窄。整体设计凸显实用性。

　　图12-15（左下）2008年春夏贾尼尼设计的古奇作品。简洁的线形，中性化款式，敞开的衬衫领子，酷帅的皮带，颇有当年福特的风范，不过贾尼尼的设计更为柔化。衬衫和外套融入男性化风格，简洁随意，以黑白格子相协调，并作大小形态变化。极少的纽扣和整体风格一样率性。超大的裤子斜插袋颇具特点。

更接近古奇本身,我想要保持'性感'的特点,但不会以那么夸张的方式。"贾尼尼选择品牌诞生地佛罗伦萨作为自己的基地,她在意大利传统和古奇传统中寻找灵感。她热爱旅行,从伦敦、巴黎到东京、纽约、洛杉矶,四处寻求灵感,并将它们糅合进设计。作为一个女性设计师,她从女性的角度考虑对古奇的需求,让现在的古奇多了点优雅、温柔的韵味,同时,也多了份异国风情。而在配件上,也有了更大的发挥空间。古奇又有了成功的新女性形象(图12-10~图12-17)。

图12-16 2008年秋冬贾尼尼的古奇作品,作品灵感源自摇滚风格和东欧与俄罗斯民俗风情,打造酷帅的摇滚少女形象。农夫式短上衣装饰以色彩鲜亮的东欧风格绣花纹样,低腰紧身牛仔裤搭配金色金属腰链,加上带流苏、铆扣的平底长靴以及厚重酷帅的黑色主色,整体设计极具时尚感。风格前卫、工艺精美的配饰也显示了配饰设计高手贾尼尼的深厚功底。

图12-17 2015年春夏古奇品牌作品。古奇女郎既可以穿着丹宁套装干练潇洒得出现在狩猎场,也可以穿着和风印花深V形领礼服性感光鲜地出现在晚宴现场。作品采用耐磨面料,针织衫、皮质夹克一件比一件实穿。而珠片刺绣、蕾丝镂空花纹拼接皮革、色块拼接皮草则集中展示了独属于古奇的艳丽奢华。

卡文·克莱恩（Calvin Klein）

1. 美国式时尚的传奇

二战后，美国成了名副其实的超级大国。渐渐地，其都市模式、现代生活方式，都成为世界的楷模。美国社会讲究实际、讲究舒适，使其服装设计业长期落后于欧洲，而20世纪60年代以后，讲究功能、讲求实际逐渐成为西方各国的潮流，这为美国时尚提供了发展机会。讲究实用功能、富有现代感的美国时尚，开始成为世界各地年轻人的流行风向标之一。起家于20世纪60年代末的卡文·克莱恩品牌，根植

图13-1（左） 1997年秋冬卡文·克莱恩作品。中性、低调的深灰色，利落、简约的板型，是卡文精神的体现。变化的西装领和门襟显示极佳的剪裁技术和精良的制作工艺。极简的设计体现职业女性的独立和冒险精神，整体设计简洁不乏优雅，深受社会女性欢迎。

图13-2（右） 1998年卡文·克莱恩作品。中性、简洁的色彩和线形，是其设计理念的体现。白色纱质连衣裙，上身部分做成起皱的浮雕效果，下裙则以宽松平面形成自然褶皱，低腰腰线处和裙摆抽碎褶，透明薄纱内腿部若隐若现。在极简含蓄中不乏优雅、性感和浪漫。

图13-3 （左）1999年春夏卡文·克莱恩作品。该作品采用了戏剧性的色彩，对比强烈，富有刺激性视觉效果。款式简洁，色块的拼接较为大气，同样的绿色调中设计有斜宽条隐纹，而一条银白色的细纹贯穿其中，显得富有变化，锐气十足。

图13-4 （右）2001年秋冬卡文·克莱恩作品。依然是简约利落的线形，功能性的理念，却多了份美国式的运动风格和多层配搭风貌。高领针织连衣迷你裙，加上中靴的呼应，是性感、反叛的少女形象。而夹克衫之外再搭配背心，并露出内层服装，丰富了层次感，突出实用功能。

于美国本土文化，体现了美国式的自由精神和现代都市气息，受到世界性的广泛喜爱，发展迅速，其销售额名列世界服装业的前茅。而品牌创始人卡文·克莱恩本人也成为美国时尚的代表人物。

1942年卡文·克莱恩出生于美国布朗克斯区一个欧洲犹太家族，从小家族里几个女性简洁、纯粹的着装给他留下深刻的好印象。他先后就读于纽约艺术设计学校和纽约时装学院，1962年毕业，在此后的5年时间里，他先后在不同的服装厂工作，主要是设计套装和大衣，积累了丰富的成衣运作经验。1968年，他和朋友以2000美元合伙创办卡文·克莱恩公司。不久后一个偶然的机会，纽约Bonwit Teller百货店的副总裁卡斯汀发现了一件卡文设计的衣服，青睐有加。当被告知卡斯汀要看衣服时，卡文亲自推着衣架车送到她的办公室。卡文的设计风格源自美国本土的

功能、简洁及运动化特征，但又带来新的气息，他的设计线条简洁流畅，又略带优雅，给女性增添自信。卡斯汀当即下了一份价值50万美元的订单，并且在第一年内免费为他的品牌做广告。在当时几乎不名一文的卡文万万没有想到有这样的好运，几乎是一夜成名。他抓住这个机会，凭借自己的设计天赋和精明强干，获得巨大成功。这是典型的美国式成功神话，因而在美国年轻人眼中，卡文是一位传奇式的时尚英雄。

20世纪70年代中，卡文和一些同时代的设计师一起，以男装为蓝本设计女装。他设计的单襟翻领运动型茄克，几乎成了所有美国妇女必备的行头。他的带点阳刚气的长裤女套装刚在T台展出，就马上受到热烈的追捧，该款式和剪裁精心的衬衫一起大行其道。在设计过程中，卡文注意吸收最新的社会潮流，当时《教父》等好莱坞大片曾勾起一阵怀旧情愫，电影中黑帮老大常穿的

图13-5（左上）2003年春夏卡文·克莱恩作品。从早晨到晚上，不缺的是感官功能的内衣式服装，作品的主角是内衣式丝绸连衣裙，贴身的线形，强调结构的分割线，显示了西方审美标准的性感。与之搭配的是军装风格的防水短上衣，使卡文的女装刚柔结合。

图13-6（右上）2003年秋冬卡文·克莱恩作品。黑色调和皮革首先给人自信、强悍、喜欢冒险的女性形象。简约利落是卡文一贯的风格，而皮革也被设计以贴身的造型，加上柔软面料的褶皱短裙与皮革的对比，使作品仍不失女性味。

图13-7（右下）2006年春夏Costa设计的卡文·克莱恩作品，简洁含蓄中让品牌多了一份轻松和装饰感。低胸、细吊带、帝政式高腰及碎褶，带来娃娃装的轻快。腿根部位的拼接和若隐若现的肌肤，强调了性感。品牌经典的中性黑包含了薄纱、闪光条带、大圆片和纽扣等多样质感，设计手法丰富，时代感呼之欲出。

细条纹面料，衬衫领子的女上衣，白色亚麻面料的三件头西装套装就都出现在他的服装系列中。他的事业不断获得成功，从1973年到1975年，他连续三年获得美国Coty设计奖，旗下的副牌及相关产品更是接连推出并取得很好的销售业绩。

20世纪70年代后期，卡文·克莱恩推出原创的牛仔装，以波姬·小丝为广告代言模特，波姬·小丝以挑逗性姿势说："在我和卡文·克莱恩之间什么都没有！"立即引起人们的抢购，产品销量一路飙升。这也开启了卡文·克莱恩品牌大胆刺激、极具性感广告创意的先河。

到20世纪80年代，卡文的设计变得比较抽象，他用长裤女套装，T恤式的连衣裙，以及紧贴躯体的牛仔裤体现了一种基本的美国风貌：即便是最前卫的、最摩登的服装，也可以登堂入室，也可以是非常别致的。因为潮流的指标不再是穿"什么"，而是"怎样"去穿，可以说，卡文在20世纪80年代时期成为打造生活方式的巨匠。

20世纪90年代初，卡文的公司重组，因他急于求成而遭到惨败。但他凭借敏锐的洞察力，将产品的销售范围扩大到亚洲及欧洲，美式的时装风格逐渐深入这些新兴的市场。1994年，卡文·克莱恩公司的发展开始驶上高速轨道，成为一个国际级的顶尖名牌。卡文异于常人的设计品味和创造力在延续，他的内衣外穿等设计都走在时尚前沿。1993年，卡文成为同时获CFDA男、女装设计师奖的首位得主。从20世纪90年代中期起，日本的前卫时装风格和美国传统的运动服装的规范，常常融合为一体，出现在卡文的设计中。他推出的新长度及膝裙开始被认为乏味，只有他和普拉达义无反顾地推行，而在随后蔓延的怀旧浪潮中，事实证明他是成功的。他的设计总是在不经意中引领着时尚潮流，赋予穿着者一种非常现代的性感。

纵观卡文几十年的设计，他把握住了时代的脉搏——简约与休闲。他认为服装应该能随身体的活动而产生流畅的线条，又可使穿着者感到舒适愉快，没有约束和不便。更重要的是，能表现出穿着者内在的气质和情感。这种极简风格从最初的美国气质，到后来同时打动了全世界年轻人和热爱时尚的人们。他说："我同时发现美式风格的本质也具有国际化的特征。就像纽约……是一座典型的国际都市。伦敦、东京也是一样。居住在这些城市的人会对我的设计作出回应，是因为他们的生活和需求都十分相似。现代人不论居住在哪里，都有其共通性。"

卡文·克莱恩的女装简单、素雅，却又浪漫而性感，偏爱中性低调的黑白色，喜欢使用丝、

图13-8（左）2006年秋冬Costa的卡文·克莱恩作品。采用中性的黑、灰及少量灰褐色，显得质朴、低调。上身为较贴身的薄针织衫，造型简洁，肩袖处的透空、肩章变体设计及稍夸张的袖长，以精彩细节产生亮点，下裙以粗花呢和薄料搭配，开衩的设计产生两种面料的层次感和立体造型。

图13-9（右）2007年春夏Costa的卡文·克莱恩作品，是较极端的男性化设计。厚重的黑色调、厚重的鳄鱼纹皮革，极简、宽大、无装饰的款式，显现出酷帅味道。饰品的舍弃以及简练的发型，都增添了中性感觉。缎质的下装与上装产生质地变化，也使作品刚中有柔。

缎、麻、棉与毛料等多元化天然材质，为休闲的剪裁增添不少高级质感，或辅以简洁、利落、大方的设计剪裁，营造出一种高尚而优雅的都会气质。卡文把时装与生活成功挂钩，把自己的顾客定位为那些工作的女性，而不是无所事事、为打扮和宴会而生活的贵妇们。卡文·克莱恩的女性顾客实际、自信、忙碌、富有冒险和创造精神。他为她们提供真实的时装，在这种简单化的形式上寻求新的变化和时尚。穿上它的女士们可以自由地适应各种场合：从办公室到鸡尾酒会，从日常公务到商务旅行。卡文被誉为都市时尚极简主义的先驱，他的时装模式成为流行的时装哲学（图13-1~图13-6）。

2. 卡文·克莱恩精神的延续（Francisco Costa时期）

时间进入21世纪初，极简主义曾衰退，卡文的时尚地位略显退烧，已有年纪的他，在2003年将经营权卖给Phillips-Van Heusen集团，自己宣布退居幕后，女装设计转交于Francisco Costa，延续卡文·克莱恩的设计精神。

来自巴西的Costa在20世纪90年代初就读纽约时装学院，凭借天赋和勤奋，很快获得奖项，之后他到FIT以及意大利进行深造。20世纪90年代，Costa先后为Susan Bennett、Bill Blass、Oscar de la Renta等设计服装。1998年进入Gucci公司，担任高级设计师一职，主要负责晚礼服的设计。多家名公司的工作经历使他积累了丰富的品牌创意设计经验。

自2002年初开始，他一直为卡文·克莱恩公司工作，之后被任命为女装创意总监。对于卡文·克莱恩，Costa认为延续卡文先生的极简精神是最重要的，同时，他认为华丽而性感是一个女人应有的本色，华丽性感又不失十足的时代风

图13-10（左）2007年春夏Costa设计的卡文·克莱恩作品。灵感源自外太空的虚幻感觉。在极简线型的连衣裙上，柠檬色的纱质面料在轻柔中透出一种冷感，而抽象形的灰紫色色块增加了未来感。极简的发型、奇异的妆容，模特仿佛穿着外星球服装，置身于科幻片。

图13-11（右）2007年秋冬Costa设计的卡文·克莱恩作品。设计师坚持了品牌一贯的"极简"路线，表现出自信的职业女性形象。统一的深灰色调显得高雅而利落；材质虽然在毛呢中进行变化，似乎稍显单调，但也正表现出设计师的技巧，厚薄、肌理的对比，尤其是服装比例的反差搭配，较为别致。而精纺毛料套装采用贴身曲线线条设计，但来优雅女性化，丰富了设计语言。

　　图13-12 （左）2007年秋冬Costa设计的卡文·克莱恩作品，黑色和深灰无彩色调，保持一贯的中性特征。及膝大衣造型简练利落，灰色烟囱领、斜垂的肩线和弧形的缝线，是卡文式的简洁中隐藏精彩。内层不同质感和光泽呈对比和层次感。

　　图13-13 （中）2008年秋冬Costa设计的卡文·克莱恩作品，具有明显的卡文式极简风格，加上灰色调身具有的中性特征，更加深作品的感染力，给人干练感觉，并带有些许未来感。男性化的衬衫式领子、精练的发型和连衣裙领口难

得的镂空装饰线构成一个视觉中心。曲线外形和黑色长筒袜勉强显出一丝优雅。

　　图13-14 （右）2008年春夏Costa设计的卡文·克莱恩作品。光泽感的丝、缎材质，极简的造型以及夸张的防风镜，给作品带来未来感。卡文先生的品牌精神被很好地延续和发扬，中性、浅亮的纯白色调仿佛春夏季一杯清爽的薄荷茶，简约的线条，窄身的造型，省略去的省道保留了衣片的完整性，更突出极简风格。隐约曲线使自信的女性仍不失优雅。

尚，这正是他所推崇的极简主义风格。他说："现在时装变得有点儿严肃，从而让很多女人失去了兴趣。我想把服装对她们的诱惑感觉重新捡回来（图13-7、图13-8）。"2006年，Costa

获得美国服装设计师协会年度最佳女装设计师奖。之后，他继续着他的简洁、性感理念，每季都给卡文·克莱恩带来新的创意（图13-9～图13-17）。

图13-15 （左）2008年秋冬Costa设计的卡文·克莱恩礼服作品。近年来，卡文·克莱恩应纽约所热衷的繁忙社交生活，陆续推出礼服款式。和成衣的风格如出一辙，风格依然基于简约和中性，略多了一些女性化元素。优雅的造型带人回到典雅的20世纪30年代。高腰，丰富的垂向皱褶，高科技闪光面料，作品融古典和现代为一体。

图13-16 （中）2008年秋冬Costa设计的卡文·克莱恩作品。硬朗的宽肩造型似乎回到20世纪80年代，整体造型简练中性，突显女性的干练和力量感，而略微的曲线特征又融合了优雅。硬朗的毛呢内露出半透明细纱，包裹前胸部，是Costa式的现代性感。大衣式外衣采用了解构手法，反传统的门襟和衣片设计透出酷帅和前卫感。

图13-17 （右）2014年秋冬卡尔文·克莱恩品牌作品。设计师将整个作品基于具有创新性和新式美学的针织品上，大胆地颠覆了极简主义的准则，使得作品拥有令人意想不到的深度。作品具有吉普赛风格，非常具有年轻气息和都市感。该作品具有的层次感的手工编织款式相当出彩。

唐娜·卡伦（**Donna Karan**）

1. 纽约风格大师——自我表达的现代时尚

20世纪的时装史经过动荡的60年代和狂野的70年代，到80年代时回归到相对平稳、保守，从极端的精神意识探索改变为实际，在丰裕经济背景下，讲究物质主义，讲究个人事业成功。这个时期的服装设计与职业前途有密切关系，现代生活节奏加快，竞争日益激烈，白领阶层为事业而穿，因此，出现了许多白领服装设计的典范。在众多的类似服装中，创立不同的设计必须要有独特风格和高雅品味。唐娜·卡伦就是在这种背景下脱颖而出，立足于纽约的大都会风格让她成为第一个具有国际影响的美国女性设计师。

唐娜1948年出生于纽约长岛，父母都从事服装业，在纽约的服装圈熏陶下长大的她从小与服装结下不解之缘，并且对纽约这个世界大都会有着一份特殊的情感。14岁时她便虚报年龄担任一家服装店的店员，高中时对外展示自己的作品。1969年，身为纽约帕森斯服装设计学院大二学生的她，在运动装女王安妮·克莱恩的公司兼职，开始她的设计生涯。

因出于对工作的狂热以及公司的建议，她甚至不惜辍学，但在八个月之后被解聘，原因是"不够成熟"，据说这事是安妮的助理干的。之后安妮希望她回去，她回答说不想做相同的工作，想做更高层次的。她并不气馁，到帕迪·卡帕丽公司工作一年半，学到很多东西，并开始崭露头角。之后，置许多公司的邀请于不顾，她直接联系安妮·克莱恩，并以联合设计师的身份复职。不久她便负责发布会的工作，独挡一面，学到很多东西。1974年安妮去世后，年仅26岁

的唐纳以指定继承人的身份接过总设计师的担子，和团队一起继续推出运动风格服装。1984年，唐娜成立自己的品牌，并于次年推出首次发布会，以独具的魅力一炮打响。在该发布会上，她以黑色弹性面料为主创作出"身体装"及"七件式互配"等独特的穿着概念，很适合职业女性，并且和同时代其他职业装相比，虽然有相似之处，但她的设计更加具有性格，有

图14-1 1994年秋冬唐娜·卡伦作品。模特置身于地铁，纽约大都会风格、事业女性的定位一目了然。黑色皮革大衣有男性化的力量感，方便实用且不失品质感。深色的针织套装线条简练，显得自信、利落。贴身曲线及针织的柔软纤细皮带，保留了几分女性的优雅特征。

个人的表现，在中规中矩的基本形式下，又有变化，极受当时女性的喜爱，因此销售很好，也得到各界的好评。之后，具有多重性格的神秘黑色更是成为其设计的招牌色彩。

说起唐娜的创作风格，纽约是内涵和创意的源头，以至于她的名字总是和纽约这个词紧密联系在一起。作为一个世界顶尖大都会，纽约代表了一种国际化。她是深深了解纽约女性的设计师，这些忙忙碌碌、在工作上并不比男性逊色的女性，需要的是方便舒适、富于性感同时也能表现出她们的自信、独立的服装。20世纪40年代的运动风格给了她很多灵感，她从运动服装实用、可以表达身体需要的特点吸取风格要素，将它们引入办公室服装中，围领式上衣、宽松布裙、皮质宽腰带等，都是我们经常可以从她的设计中看到的细节影子。她用羊绒、羊毛绉纱等一类柔软、有伸展性的面料赋予服装流畅优美的线条。她的设计给职业女性找到一个既可以表达自己的坚定果敢，又不失柔情的绝好平衡点（图14-1~图14-3）。

作为与欧洲设计分庭抗礼的美国时尚代表人物之一，唐娜认为服装应该既便于生活又不失雍容华贵，舒适随意又性感迷人。除了给予美感上的享受外，服装还必须融入个人生活方式，也就是说，服装应有较强的应变能力，可以四季皆宜，早晚适用。她说："我设计的服装应当简洁舒适，富有魅力。早上穿着去上班，晚上如没有时间换晚装也无妨。日常生活中无需一天换几次衣服，我的服装是为那些在世界各国穿梭往来、活动频繁的朋友们设计的。"她认为

图14-2（左）1997年秋冬唐娜·卡伦作品，诠释唐娜经典的黑色。简朴又高贵的黑色，加上简练的线条，"为成功而穿"的纽约风格再次突显。贴体针织上装，展现身体曲线，露肩式宽翻领样式，显出女强人的妩媚、性感的一面。宽松、挺顺的毛质长裤则显得精干而洒脱。

图14-3（右）1999年春夏唐娜·卡伦作品。在富有节奏感的打击乐声的交叉中，步履轻盈的模特穿着同样轻盈的春夏装登场。该连衣裙作品采用浅金黄色丝绸，贴身舒适，同色调小亮珠子的装饰带来材质变化感及层次感，随意的拼接痕迹以及层叠的裙身带来自由体验。作品整体似乎在都市风格中带入东方式的淡淡乡愁。

以及浪漫格调。

图14-4（左） 2003年春夏唐娜·卡伦作品。作品具有特别的视觉效果，增加了装饰感，包括较大的波尔卡圆点、宽大的叠褶以及宽缎带系结等。内外层服装采用相同材质及纹样色彩，而在比例上形成较大反差，内层服装简洁利落而不乏性感，外层袍式服装则增添了层次感。

图14-5（中） 2006年秋冬唐娜·卡伦二线品牌DKNY作品。定位年轻，设计灵活多变。该作品色彩鲜亮跳跃，红、蓝对比强烈。宽松舒适的钟形超短裙充满活泼少女风格，超短针织外套拉长身材视觉比例。上装的多层混搭风貌也突显了品牌实用和配搭灵活的特点。

图14-6（右）2007年春夏唐娜·卡伦二线品牌DKNY作品。头戴棒球帽的模特散发着阳光的气息。礼服式长裙被挪用到日常服上，像是急于成熟的少女。柠檬色、桃红色等鲜亮色跳入视觉，高腰设计使模特尽显高挑感，也使胸衣式的上身部分更显性感。宽松的层接褶裙加上棉质和涂层面料，散发洒脱感。

时装是为了让人更有信心，而不是被它束缚。她的风格舍弃了巴黎高级女装在细节上无穷无尽的追求，讲究功能性甚过讲究无谓的细枝末节，独创了新的贵族气和美感，简化了也美化了日常生活。她的服装观也是生活观，影响了大批的职业女性。

在男性设计师占优势的时装设计领域，唐娜·拉卡伦是其中相当成功的一位女性设计师。对此她有自己的理解："我与其他女人有相同的问题，因此我是一个晴雨表，如果我能为自己的问题找到一种解决办法，那么这种办法也同样适用于其他女人。"她认为自己并不是设计大师，而只是帮助女性解决问题的朋友。带着这样的观念，唐娜不断创作出雍容华贵、富有现代气息，能适应丰富多彩生活的服装作品。

在几十年的设计生涯中，唐娜获奖无数，DKNY、DKNY jeans等副线品牌也取得骄人成绩。从1984年成立公司到1997年公司股票上市，唐娜·卡伦已经发展成为一个时尚帝国。

2. 21世纪的唐娜·卡伦

公司股票上市以来，因为一些经营上的挫折，1997年唐娜·卡伦辞去CEO的职位，只做总设计师。2001年，唐娜·卡伦将自己的高级女装品牌唐娜·卡伦卖给了LVMH集团。同一年，卡伦的丈夫同时也是她的长期生意伙伴史蒂文·韦斯病世。这一连串的打击一度使卡伦消沉，迷恋于瑜伽及国外旅游等，作品也一度不被好评，她反认为是顾客思想落伍。甚至一度外界传言她的总设计师位置将不保。

不过她很快振作起来，并调整自己的设计以适应新时代。她将旅游所获以及禅宗文化等应用于设计，取得较好效果。在近几年的作品中，她钟爱的黑色继续被发扬光大，女性化、装饰化被加强，线条趋于柔软，在低调奢华和性感中显示纽约式女性的自信和风采（图14-4～图14-14）。

图14-7 （左）2007年春夏唐娜·卡伦作品。除了延续一贯的简练优雅的特征，加入了些许东方的特征。灰色、米白色使品牌的中性特点和东方式的质朴融为一体。平面式的剪裁、宽松舒适不贴体的造型，有东方传统服饰文化的影子。宽衣大袖，线条简练，精致的金属腰带增添现代感。

图14-8 （右）2007年秋冬唐娜·卡伦作品。将经典的黑色紧身衣带回T台，并融合以时代精神。薄型弹性面料被控制在肩、袖部位，主体则为精纺毛呢制成的紧身抹胸连衣裙，裙长到膝下，造型贴体，玲珑曲线毕露。上下呼应的水钻镶饰更增添了高雅感。作品简练而不失性感和高雅，是唐娜·卡伦代表性的作品。

图14-9（左）2007年秋冬唐娜·卡伦二线品牌DKNY作品。造型简洁、明快而活泼，黑白的配色显得明朗而富有个性。花卉纹样是设计的重点，形态自然、活泼，少量的冷紫色增加了些许神秘感。灰黑色的贝雷帽使模特更显伶俐俏皮。

图14-10（中）2008年秋冬唐娜·卡伦二线品牌DKNY作品。DKNY一直很好地完成着自己的任务，让小女生们也能找到适合的衣服。娃娃装风格的连衣裙，闪光的金黄色调在火红的背景色中更显活跃感，而小碎花的图案纹样更贴近邻家女孩的感觉。粗毛线的手工针织衫、长围巾和贝雷帽，则带来纽约都市风及几分旧日校园派的感觉。

图14-11（右）2008年春夏唐娜·卡伦作品。纽约式宽腰带工装连衣裙，设计师加入了较为女性化的装饰元素，上身部分蕾丝大花镂空纹样工艺使肌肤若隐若现，造型和材质上都极富性感。色彩采用舒适、亲近感的自然褐色调，优雅的A字裙身带着丰富褶皱，加上20世纪前期纽约式的礼帽，中性的设计基调中透着浓浓的优雅女性味。

　　图14-12 （左上） 2008年春夏唐娜·卡伦二线品牌DKNY作品，演绎年轻、活跃的时尚日常装。双排扣休闲中厚棉质中裙，灯笼袖、碎褶等部件组成的宽松丝绸衬衫，衣摆装入裙腰，以腰带捆绑系扎，显得实用、随意而洒脱。黑色底色上红色、白色组成的活跃纹样，避免了沉闷。

　　图14-13（左下）2008年秋冬唐娜·卡伦作品，雍容华贵的设计包含了好莱坞女星的情调。温暖的红棕色和褐色显出成熟女性风韵。款式立足于纽约风格——简便实用而不乏优雅女性味，大衣领子极富装饰感的条带造型，和毛呢衣身形成优美的肌理对比和和谐比例。

　　图14-14 （右上）2015年春夏唐娜·卡伦作品。作品如流水般的自由飘逸，光泽感面料的运用，展现出曼哈顿流光溢彩的都市风情。女性的柔美与男性的干练完美融合。

杜嘉班纳（**Dolce&Gabbana**）

1. 源自西西里岛的性感浪漫

提起意大利时装，人们经常会想到三大传统巨头，分别代表着不同的精神：阿玛尼的优雅、费雷的硬朗、范思哲的妖艳。当大家以为意大利风格就这些的时候，"Dolce&Gabbana"出现了，带来地中海的热情、年轻、性感、瑰丽、野性。意大利南端的西西里岛，夏日里热情的阳光，缠绕的枝蔓，艳红的花朵，蓝色翅膀的蝴蝶在飞舞，还有一头秀发、身材曼妙的女子……这景象也正是杜嘉班纳带给人们的精神欢愉。服装史发展到20世纪80年代中期，年轻化、个性化的思潮日益冲击服装业，性感、装饰感等成为需求，风格独具的杜嘉班纳应运而生，并得到长足发展。

品牌创始人之一多尔切（Domenico Dolce）1958年出生于西西里岛附近，很小便开始

图15-1 1992年秋冬杜嘉班纳作品。以中性的外观打造女性的强悍和性感。紧身的黑色外衣被解构成胸衣和外衣的结合样式，上端混搭男衬衫局部，打黑色领带，戴西西里男式帽子。狂野、不羁且性感。

图15-2 1992年秋冬杜嘉班纳作品。常有人说1997年范思哲被枪杀后，时尚界唯一能承继那独特美感的唯有杜嘉班纳，因其作品中经常出现的华丽的新巴洛克风格，以及大胆的性感表现，曾被人冠以"小范思哲"之名。该作品即以手绘的巴洛克纹样为设计重点，内层连衣裙的隐纹及光泽感面料与外层服装浓艳、华丽的纹样形成对比变化，具有层次感。其艳丽的花卉也透出意大利西西里岛的浪漫风情。

在父亲的服装厂里做设计，并希望自己能像阿玛尼、范思哲那些人一样成功。另一位创始人加巴纳（Stefano Gabbana）1962年生于米兰，个性独立，年少时梦想成为电影明星，后来对时装产生极大兴趣，并且对色彩、款式和时尚都有强烈的直觉，曾就读于艺术学校。两人在米兰的一家设计师公司认识，他们一起做了两年的助理设计师工作，渐生默契，对时尚相似的品味和热情使他们萌生了自己创业的念头。1982年，两人共同创业，开设设计室，并开始自由接案，同时兼任其他服装公司的设计顾问。

多尔切和加巴纳首次在时装界脱颖而出是在1985年，他们联手参加米兰举办的新秀时装周，推出以杜嘉班纳为名的女装，大获好评。为取得这次突破，他们付出了很大的心血，首次成功给予他们很大的信心，也使他们得以在时装设计上沿着自己独特的以西西里风情为根源的视角继续创造。次年，在亲友的资助下，他们正式进军米兰时装周，获得各界一致肯定，并在日本一家投资公司的资助下，在东京开设全球首家精品店。自此，他们的品

图15-3（左上）1999年秋冬杜嘉班纳作品。摇滚、性感的风格上融合以西西里岛风情，亮丽色彩和花卉图案。露脐低腰裤、宽腰带、7分裤和7分袖、皮靴以及奢华长大衣，充满活力感。色彩以浅亮的柠檬黄为主，配以黑、红、蓝紫、深绿等鲜艳对比色，效果强烈，似乎把人带到热情浪漫的西西里岛。

图15-4（左下）2000年杜嘉班纳作品，具有精致与粗犷混杂的城市朋克风貌，丰富的花卉纹样具有南意大利风情。丝绒绣花大衣的毛边装饰与内层纱质透明上衣质地上一粗一细，但色调协调，曲线特征也相似。胸衣与大衣主体部分色调相同，纹样接近。撕裂效果的牛仔裤、杂乱的缝补痕迹、双条皮带，具有较典型的朋克特征。上衣衣摆覆盖于牛仔裤之外，外加双条皮带的设计，使粗犷和轻柔杂糅，具有对比效果。

图15-5（右下）2001年秋冬杜嘉班纳作品。延续一贯的年轻、野性作风，融入了印第安风格。毛皮镶拼的短上衣既时尚奢华又有原始意味，颈部多层挂饰、繁多的镯饰都写着印第安的痕迹。低腰牛仔裤装简洁轻快，与繁复的上身形成对比。

牌经营便渐渐扩大开来。

创业之初，多尔切和加巴纳的作风就非常独特，坚持亲自制板、剪裁，且只用非职业模特儿走秀，在当时讲究排场的时装界这相当独树一帜。在发布会现场，经常营造出南意大利西西里岛风情，这成为杜嘉班纳独特的标志。

风景优美的西西里岛是一块神秘的土地，这里有着多尔切和加巴纳所要追求的风格。他们在创作过程中为服装注入了很多内涵，毫无疑问这来源于这块他们熟知的土地和引以为荣的悠久文化。多尔切曾说："西西里岛一直都是我们的出发点。那里充满了无比的热情、缤纷的色彩，空气中充满了香味与愉悦，那里融合了来自各地不同的影响，结合而成一种新的文化与视觉。"在杜嘉班纳服装中，性感中带点中性的帅气、或充满南欧宗教色彩的图腾，是常用的设计元素。华

丽的缎纹紧身胸衣式上装、黑色吊带长裤、透空的渔网衫、精致手绘图案以及性感剪裁等，都是他们代表性的设计。西西里农民、黑手党以及天主教妇女的服装色彩也经常出现在他们的作品中。不过，多尔切和加巴纳并没有被西西里这块土地所局限，对他们来说，这里只是他们创作的根，而繁衍的空间却是无限的。多尔切曾说："决定今天服装的成败，百分之五十取决于姿态。是要表现性感，还是强调古典和现代；是要塑造视觉刺激的东西，还是走向含蓄的东西；这一切都与姿态有关（图15-1~图15-4）。"

多尔切和加巴纳不会遵循既定的规则，每次发布会都会给人一种新鲜感和意外感。在他们的服装上，看不到无聊的设计，两人擅长将看似对

图15-6 2002年秋冬杜嘉班纳作品。黑色牛仔裤，乳白色、棕褐色印花衬衫配搭乳白色绳带腰带以及白、褐相间的仿毛皮长围巾，加上大大的墨镜，塑造出酷帅、年轻而随性的女性形象。不同质感的材料产生混搭风貌，裤管处的拼接及绳带腰状具有返朴手工味，而风景样式的图案纹样则透出田园风情。

图15-7 2006年春夏杜嘉班纳作品，在这次品牌20周年庆发布会上，多尔切和加巴纳充分展示西西里风格。缀满鲜花的蓬裙极富视觉冲击力，象征好运的小麦也作为装饰品。全身的薄纱、蕾丝、透露浓厚的性感。

比冲突的元素进行彼此完美混搭，比如把蕾丝装饰于帅气的西裤，让塑料素材显出巴洛克风格，在玻璃加工素材上加上织锦品。除了材质，不同风格、不同样式等元素的混搭也很常见，这种颇具后现代意味的手法使他们的设计常常走在时尚潮头。在1994年开始推出的具有年轻款式和鲜艳色彩的二线品牌D&G上，这种混搭风貌更是变化多端。曾有评论家说："他们混搭时代和民族，混搭男人和女人的衣橱，也混搭伦敦的前卫和德式的保守。"

　　图15-9（左上）2006年秋冬杜嘉班纳作品，灵感源自拿破仑时代帝政军装风格。中性意味的大衣造型简洁，融入帝政军装样式，显出模特的英姿。金色纽扣和金色的链状腰带透出奢华气派。领子、袖口处露出的丝巾和蕾丝，使女性感缀饰地恰到好处。
　　图15-8（左下）2006年秋冬多尔切和加巴纳的二线品牌D&G作品。充满青春和时尚气息，一改华丽形象，采用纯白色调，并且主要采用了针织面料来表现变化丰富的设计。针织有粗厚、镂空手工钩花以及弹性薄针织等肌理变化。比例的长短对比、内衣外穿，呈现出少女的俏皮感。

　　图15-10（右下）2006年秋冬杜嘉班纳作品，灵感源自拿破仑时代帝政风格。该作品塑造了刚柔相济的贵族女子形象。在多处作对比设计：上身的奢华和下裙的单纯；高腰位腰带的军装式、男性化，以及外层上装的金属质感，和白色纱质连衣裙的柔和、女性化；上身部分的繁复和下裙的简洁，等等，使作品既具当代精神，又体现帝政风格的奢华新古典主义。

在演艺界杜嘉班纳以"使明星看起来像明星"而闻名，他们的服装受到诸如麦当娜、黛米·摩尔、伊莎贝拉等众多名人的青睐。对于品牌知名度，这无疑是极佳的广告。

2. 21世纪的杜嘉班纳

常有人说1997年范思哲被枪杀后，时尚界唯一能继承那种独特美感的唯有杜嘉班纳，因其作品中经常出现的华丽的新巴洛克风格，以及大胆的性感表现，曾被人冠以"小范思哲"之名。当年麦当娜的着装引起20世纪90年代的大骚动，水晶石上衣，内衣外穿的胸罩搭配黑色西装外套，即出自杜嘉班纳之手。虽然大胆的性感一向是杜嘉班纳的特征，但90年代后半期，杜嘉班纳开始调整之前强烈狂野的感官风格，在延续品牌基本风格路线之外，融入了一些高雅的性感元素。这种风格一直延续到21世纪，出现了诸如帝政宫廷风格，新浪漫风格以及未来感和性感的结合等创意元素（图15-5~图15-16）。

图15-11 （左上）2007年春夏杜嘉班纳作品，银色钢材、电光灯、玻璃材质的T台，烘托了未来感。平面式宽松剪裁、不对称样式、包裹严密的上装和超短的下装，融合古典和前卫。银色涂层材质和硕大的塑胶人造花，带来高科技未来风格。

图15-12 （左下）2007年秋冬杜嘉班纳作品，采用银灰色调，外形优雅的鱼尾形长裙礼服和未来感的款式混搭，炫目的银色调繁花融合了浪漫和高科技。银色超宽腰带加强了未来感。夸张的褶皱纱造型显出女性化的浪漫和性感，并具有巴洛克的美感。

图15-13 （右下）2008年春夏杜嘉班纳二线品牌D&G作品。作品分内外两层，内层为低领连衣短裙，以不同明度的蓝色牛仔面料碎片作拼凑，镶拼处将毛缝露出表面，牛仔风格的粗犷被较好体现，有后现代破烂乞丐装的意味。外层为白底蓝纹的外套，增加了色彩层次感。黄褐色的腰带和整体的蓝色调对比明显，增加了色彩变化。作品整体风格年轻反叛，刚柔并济。

2005年品牌创建20周年之际，这对同性恋设计师对外宣布分手，不过分手不散伙，不会影响到在杜嘉班纳品牌上的默契合作，而且强调可以携手共创出更好的作品。

图15-14（左上）2008年秋冬二线品牌D&G作品。多尔切和加巴纳以混搭手法及年轻元素打造该作品形象。荷叶边、抽褶的丝绸连衣裙，印染有满地式的佩兹利纹样，是欧洲民俗的经典；蒙古式的靴子、毛皮帽子带来截然不同于连衣裙的厚重材质及粗犷感；苏格兰格子呢也配搭其中。无拘无束的元素和主题，融合了典雅、传统和豪放，极具南意大利的浪漫性格。

图15-15（左下）2008年秋冬杜嘉班纳作品。以低调的华美展现南意大利的浪漫和温情。色彩采用中性的黑、白、灰，面料主要采用乡村风情的小黑白格花呢，配以女性化的薄纱。夸张的蓬裙造型给人以不张扬的奢华。掀起的外裙角以及宽大的灰色缎带，增加了色彩、结构的层次感，并带来非对称的视觉平衡，活跃了设计。

图15-16（右下）　2015年杜嘉班纳作品。作品灵感来源于西班牙、斗牛士和西西里岛的结合。黑色的网状紧身衣搭配黑色胸衣。此外，弗拉明戈式的波点也是一大创新。黑色和红色的配搭显得鲜艳刺目，红色代表了斗牛场的鲜血，也是Domenico的母亲所钟爱的康乃馨的颜色。花卉刺绣随处可见，黑色流苏衬托出模特的迷人身段。